海水健康养殖技术丛书

SHACAN YANGZHI YU KAIFA
沙蚕养殖与开发

孙瑞平　黄　猛　杨德渐　编著
杜荣斌　郑家声　赫　勇

中国海洋大学出版社
·青岛·

图书在版编目(CIP)数据

沙蚕养殖与开发/孙瑞平等编著.—青岛:中国海洋大学出版社,2006.12

(海水健康养殖技术丛书)

ISBN 7-81067-850-7

Ⅰ.沙… Ⅱ.孙… Ⅲ.沙蚕—养殖 Ⅳ.S882.1

中国版本图书馆 CIP 数据核字(2006)第 023466 号

出版发行	中国海洋大学出版社
社　　址	青岛市香港东路 23 号　邮政编码　266071
网　　址	http://www2.ouc.edu.cn/cbs
电子信箱	hdcbs@ouc.edu.cn
订购电话	0532—82032573(传真)
丛书策划	魏建功
责任编辑	魏建功　　　　　电　话　0532—85902121
印　　制	日照报业印刷有限公司
版　　次	2006 年 12 月第 1 版
印　　次	2006 年 12 月第 1 次印刷
成品尺寸	140 mm×203 mm
印　　张	5.5
字　　数	118 千字
定　　价	12.00 元

前 言

20世纪90年代,我们就想把研究沙蚕的成果汇编成书,后来因种种原因而搁置,一晃就是十几年。但对该书撰写的初衷,从未湮没。诚如年近八旬的养殖专家黄猛先生信中说:"能将一得之愚奉献社会,也算半生辛劳,有个交待。"肺腑之言,溢于言表。

本书以"一(物)种、二(育)苗、三养(成)、四(收)获"写沙蚕养殖,即以种—苗—养—获为各章节的主线,介绍三种养殖池、三种方法、养三种沙蚕:滩涂土池养殖双齿围沙蚕 Perinereis aibuhitensis (Grube),工厂化水泥池养殖多齿围沙蚕 Perinereis nuntia (Savigny),开闸纳苗虾池养殖日本刺沙蚕 Neanthes japonica (Izuka)。

为开发沙蚕,本书还介绍了国内其他的沙蚕江海诸品,编制了我国可养殖沙蚕物种的检索表,提出了养殖建议。

书中引用的表或图,除署名者的以外,皆系我们设计或依我国的标本亲自绘制。

我们相信,海洋多毛动物的多样性及其功能上的多样化,不仅给沙蚕的养殖提供了可能,如能持之以恒地研究,也会给饵料、海钓、药用及观赏市场上需要的小头虫、岩虫、吻沙蚕、齿吻沙蚕、巢沙蚕、索沙蚕、海稚虫、海蛹、沙蠋、囊须虫、缨鳃虫、龙介虫乃至纽虫、线虫、星虫、螠、柱头虫等的养殖和开发带来机会。

目前,沙蚕养殖虽在我国已取得了一定的成绩,但人们对沙蚕的认识和研究尚需普及和深入,各地区在养殖实践中的创造也需不断完善和总结,期待沙蚕养殖的创新和突破。

本书依约定按撰写字数,排定编著者的名次。

书中不足和不妥之处,请读者批评指正。

杨德渐　孙瑞平
2006 年 10 月 20 日

目 次

第一章 总 论 ……………………………… 1
 第一节 沙蚕的物名 ……………………………… 1
 第二节 沙蚕的生物学 …………………………… 4
  一、沙蚕的外形 ………………………………… 5
  二、沙蚕的结构和生理 ………………………… 11
  三、沙蚕的生境和分布 ………………………… 18
  四、沙蚕的生活史 ……………………………… 23
 第三节 沙蚕养殖的理由和路线 ………………… 30
  一、养殖理由 …………………………………… 30
  二、养殖路线 …………………………………… 34

第二章 滩涂土池养殖——双齿围沙蚕
Perinereis aibuhitensis（Grube）………… 37
 第一节 双齿围沙蚕的生物学 …………………… 37
  一、外形 ………………………………………… 37
  二、生境和分布 ………………………………… 40
  三、异沙蚕体 …………………………………… 42
  四、个体发育 …………………………………… 44
 第二节 沙蚕养殖的滩涂土池 …………………… 53
  一、土池的建造 ………………………………… 53

二、土池的管理 …………………………………… 54
三、土池的其他功用 ……………………………… 56
第三节　双齿围沙蚕土池养殖法 ………………… 57
一、选种 …………………………………………… 57
二、育苗 …………………………………………… 58
三、养成 …………………………………………… 60
四、收获 …………………………………………… 62
五、加工（蓄养、分级、包装与运输）………… 63

第三章　工厂化水泥池养殖——多齿围沙蚕
Perinereis nuntia（Savigny）………… 69

第一节　多齿围沙蚕的生物学 …………………… 69
一、外形 …………………………………………… 69
二、生境和分布 …………………………………… 73
三、异沙蚕体 ……………………………………… 76
四、个体发育 ……………………………………… 79
第二节　沙蚕养殖的水泥池及配套设施 ………… 84
一、厂址的选择 …………………………………… 84
二、蓄养室和催熟水泥池 ………………………… 84
三、育苗室和育苗池、槽、箱 …………………… 86
四、养成室和养成水泥池 ………………………… 90
五、配套设施 ……………………………………… 90
第三节　多齿围沙蚕水泥池养殖法 ……………… 94
一、蓄养催熟或捞取异沙蚕体 …………………… 95
二、育苗 …………………………………………… 96
三、养成 …………………………………………… 98
四、收获 …………………………………………… 99
五、加工（蓄养、分级、包装与运输）………… 99

第四章 开闸纳苗虾池养殖——日本刺沙蚕 *Neanthes japonica*（Izuka） ······ 100

第一节 日本刺沙蚕的生物学 ······ 100
  一、外形 ······ 101
  二、生境和分布 ······ 104
  三、个体发育 ······ 106

第二节 日本刺沙蚕的养殖 ······ 109
  一、技术路线 ······ 109
  二、虾池开闸纳沙蚕苗——养虾 ······ 110

第五章 沙蚕的开发 ······ 115

第一节 沙蚕的检索表 ······ 115

第二节 可开发的沙蚕 ······ 118
  一、溪沙蚕 *Namalycastis abiuma*（Müller） ······ 119
  二、软疣沙蚕 *Tylonereis bogoyawleskyi* Fauvel ······ 121
  三、疣吻沙蚕 *Tylorrhynchus heterochaetus*（Quatrefages） ······ 123
  四、异须沙蚕 *Nereis heterocirrata* Treadwell ······ 127
  五、多齿沙蚕 *Nereis multignatha* Imajima *et* Hartman ······ 130
  六、腺带刺沙蚕 *Neanthes glandicincta*（Southern） ······ 133
  七、琥珀叶沙蚕 *Alitta succinea*（Leuckart） ······ 135
  八、独齿围沙蚕 *Perinereis cultrifera*（Grube）

································ 141

九、弯齿围沙蚕 *Perinereis camiguinoides*
　　（Augener）·················· 145

十、双管阔沙蚕 *Platynereis bicanaliculata*
　　（Baird）···················· 150

参考文献 ························ 157

第一章 总 论

随着经济的发展、生活水平的提高,在回归大自然的感召下,万能饵料沙蚕的海钓休闲活动,定会进入寻常人家。

第一节 沙蚕的物名

沙蚕是动物界、环节动物门、多毛纲、沙蚕目、沙蚕科动物的通称,含有许多经济种,有很长的研究史。

海生的沙蚕(sand-worm)、陆栖的蚯蚓(earth-worm)、淡水的蚂蟥(leech)是习见的环节动物,又通称环虫(ring worm),大多是软底质生境中最成功的潜居者。

约16 500种的环节动物,依环带、疣足、纤毛的口前叶、吸盘、体环、葡萄状组织等的有无,常被分为多毛纲、寡毛纲和蛭纲。

多毛纲 Polychaeta 是环节动物门中最大的纲,含10 000多种。具疣足和成束的刚毛,体前部具分化良好的头部,具发达的体腔,无环带,生殖系统简单,发育多经担轮幼虫期,多为海生,少数淡水,陆栖者罕见。主要分为缨鳃虫目 Sabellida、蛰龙介目 Terebellida、海稚虫目 Spionida、叶须虫目 Phyllodocida、沙蚕目 Nereidida、矶沙蚕目 Eunicida、囊吻目 Scolecida 等。

在我国,古代记海虫、海蚕、沙蚕、龙肠、凤肠、禾虫。

唐代,韩愈《孔公墓志铭》记:"明州,贡海虫、淡菜、蛤、蚶。"明·李时珍《本草纲目》虫一·海蚕:"李珣曰:按南州记云,海蚕生海南山石间,状如蚕,大如拇指。其沙甚白,如玉粉状。每有节。"按,李珣为唐代人,而每有节、状如蚕的海蚕非沙蚕莫属。

明代记"沙蚕",谥名为"凤肠"、"龙肠"。明·胡世安《异鱼赞闰集》曰:"沙蚕类蚓,味甘登俎。别种土穿,汁凝盛暑。"又引《渔书》:"沙蚕,一名凤肠,似蚯蚓而大,生于海沙中,首尾无别,穴地而处,发房引露,未赏外见,取者惟认其穴,菏锸捕之,鲜食味甘,脯而中俎。"明·屠本畯《闽中海错疏》卷下:"沙蚕,似土笋而长。"《古今图书集成·禽虫典·杂海错部》又引明代《闽书·闽产》:"沙蚕,生汐海沙中,如蚯蚓,泉人美谥曰龙肠。"

到了清代,则有"禾虫"的详记。清·吴震方《岭南杂记》:"禾虫,形如百脚,又名马蝗。身软如蚕,细如簪,长二寸余,青黄色相间,中有白浆,状甚可恶,产海滨田中。禾根长数尺或至数丈许,缕缕如血丝,随海水而出,漾至海滨,寸寸自断,即为此虫。土人网而取之,午前担负而卖,午后即败不可食。取虫置器中,滴盐醋一小杯,浆自吐,滤以蒸鸡子最鲜。藩逆时,禾虫亦税至数千金,鱼埠蚬塘,其税尤多,民极苦之。"清·李调元《南越笔记》卷十二记:"以初一二及十五,乘大潮,断节而出,以白米泔滤之,蒸为膏,甘美益人。贫者多醃为脯,作醢以食之。"清·赵学敏《本草纲目拾遗·虫部》又记:"禾虫,闽、广、浙海滨多有之,形如蚯蚓。闽人以蒸蛋食,或作膏食,饷客为馐。云,食之补脾健胃。粤录:禾虫状如蚕,长一二寸,无种类,夏秋间,早、晚稻将熟,禾虫自稻根出。潮涨(长)浸田,因趁潮入海,日浮夜沉,浮者水面皆紫。采者以巨口狭尾之网系于杙,逆流迎之,网尻有囊,重则倾泻于舟。"上述诸文,不仅记禾虫的形态、食法,还有大潮时的捕捞法更似挂子网或张网作业。今知,禾虫乃疣吻沙蚕 *Tylorrhynchus heterochaetus* (Quatrefages),咸淡水生,可栖于稻田,啃食稻根,性成熟时群浮于河口区水面。

近代,研究沙蚕的专著有《中国近海沙蚕科研究》(吴宝玲等,1981)、《中国近海多毛环节动物》(杨德渐等,1988)和《中国动物志·无脊椎动物第三十三卷·环节动物门·多毛纲(二)·沙蚕目》(孙瑞平等,2004),记沙蚕科 3 亚科 20 属 74 种。

近 20 余年,我国学者对双齿围沙蚕 *Perinereis aibuhitensis* (Grube)、多齿围沙蚕 *Perinereis nuntia* (Savigny)和日本刺沙蚕 *Neanthes japonica* (Izuka)(现用名日本菏沙蚕 *Hediste japonica* (Izuka))的个体发育研究及养殖,都取得很好的成绩。台湾对多齿(短角)围沙蚕 *Perinereis nuntia brevicirris* (Grube)的介绍和研究,也推动了沙蚕在我国大陆沿海的养殖。

在国外,和我国古代一样,也是以 fish(鱼)和 worm(蠕虫)作为认识动物的基础。沙蚕在北美英文名为

sand-worm（沙虫），在欧洲记 clam-worm（蛤虫），潮间带者称 rag-worm，示沙蚕栖于沙中或有蛤之处。

世界上最早用双名法命名的沙蚕学名是 *Nereis pelagica* Linnaeus 1758，中译名为游沙蚕。在林奈《自然系统》第 12 版(1767)中，隶属于 Vernes（蠕虫纲）、Mollusca（软体动物目）、*Nereis*（沙蚕属）。

Nereis 源于 Nereid。一种说法是源自希腊神话里海中女神之名，另一种说法则认为源于海神 Nereus 的 50 个女儿之一。是把蠕动优美的沙蚕比作婀娜多姿的女神。

19 世纪 50 年代，是沙蚕分类的初创期。Johnston(1865)首创沙蚕科 Nereididae。

20 世纪初，组建了一些新属，尤其在第二次世界大战后，沙蚕科分类进入发展期。20 世纪后期，在支序分类学理论的推动下，对裸吻沙蚕亚科 Gymnonereidinae、单叶沙蚕亚科 Namanereidinae、沙蚕亚科 Nereidinae 的界定以及对沙蚕科各属的评述，都极大地推动了沙蚕科的分类研究。据统计(Hutchings 等,2000)，全球沙蚕科计 43 属 540 多种。

进入 21 世纪，Bakken 和 Wilson(2005)探讨了具颚齿沙蚕的进化谱系。

第二节　沙蚕的生物学

本节简述沙蚕的生物学，介绍沙蚕的术语，界定沙蚕的幼虫和幼体。

一、沙蚕的外形

沙蚕的成虫(成体)可分为头部、躯干部和尾部三个部分(图1-1A)。

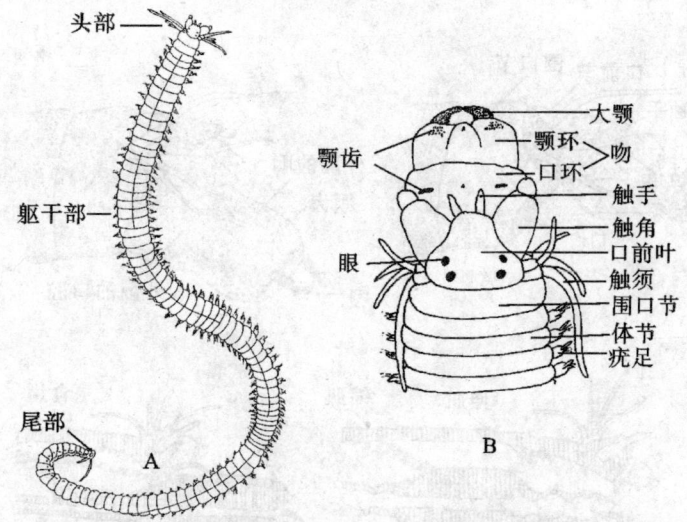

A. 多齿围沙蚕 *Perinereis nuntia* (Savigny) 的外形；
B. 杂色伪沙蚕 *Pseudonereis variegata* (Ehlers) 的体前部(吻翻出)

图1-1 沙蚕的外形

(一)头部

体前端由围口节和口前叶两部分组成(图1-1B)。

1. 口前叶

口前叶为虫体最前方多边形或卵圆形的肉质叶。具眼0～4个、口前叶触手(简称触手)0～1对、1对两节的口前叶触角(简称触角)和两个眼后纤毛上皮横裂的项器。

2. 围口节

围口节为口前叶后的一个环形节,其腹面具横裂的口,两侧各具3~4根围口节触须(简称触须)。

3. 吻

吻为消化道富肌肉的口腔和咽,经口外翻而成。前端具1对大颚。吻可分为前部的颚环和后部的口环(图1-2)。

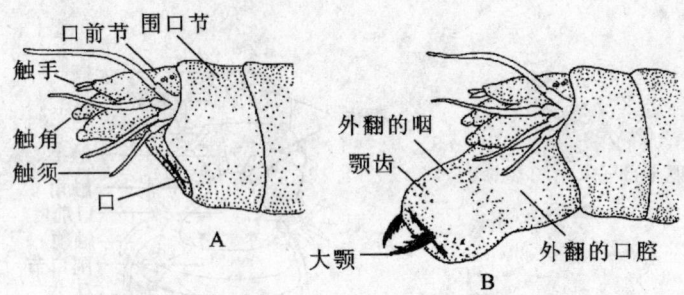

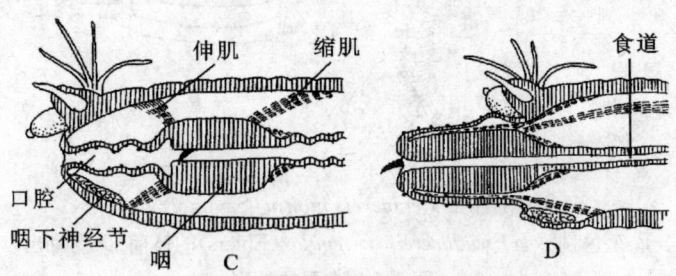

A~B. 侧面观;C~D. 侧切面观
(A,C示吻缩回,B,D示吻翻出)

图 1-2 沙蚕的头部和吻(仿 Knox 从 Chapman)

(1)吻的分区(图 1-3A,B):吻可分为 8 个区。颚环背中部为Ⅰ区,Ⅰ区两侧为Ⅱ区;颚环腹中部为Ⅲ区,Ⅲ区两侧为Ⅳ区;口环背中部为Ⅴ区,Ⅴ区两侧为Ⅵ区;口环腹中部为Ⅶ区,Ⅶ区两侧为Ⅷ区。

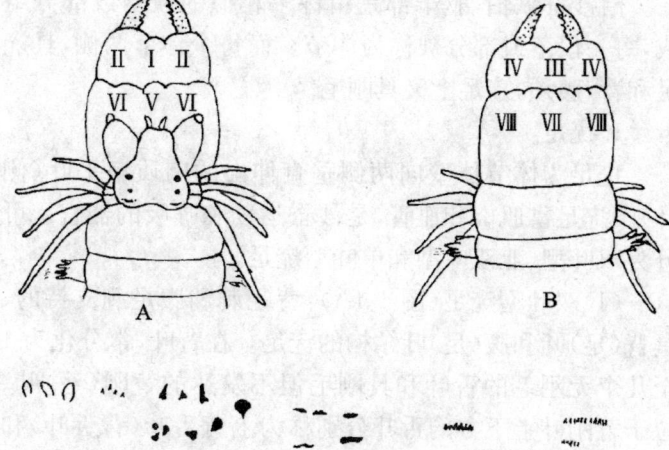

A.头部和吻的背面观;B.头部和吻的腹面观;C.乳突和颚齿

图1-3 沙蚕吻的分区、乳突和颚齿

(2)吻的附属物(图1-3C):除单叶沙蚕亚科Namanereidinae和裸吻沙蚕亚科Gymnonereidinae的部分属中,吻平滑无附属物外,其他各属吻表面或具乳突或具颚齿。

乳突为吻表面软的肉质突起。

颚齿为吻表面黑色或黄褐色的几丁质细齿。颚齿呈锥状、横棒状、梳棒状或圆锥形颚齿密集排成梳状排。在口环和颚环各区,颚齿的有无、形状和分布,均是沙蚕亚科Nereidinae分类的重要依据之一。

(二)躯干部

沙蚕的躯干部背面稍凸,腹面稍平或微凹,腹中部具纵行的腹中沟。

沿沙蚕纵轴，躯干部是由许多相似的段落或部分组成，每一段落或部分被称为体节。而每个体节两侧，具疣足和背、腹须，疣足上又具刚毛。

1. 疣足

疣足为体节体壁向两侧垂直伸出的肉质扁平叶（侧叶）。疣足富肌肉和血管，是沙蚕运动和呼吸的器官。可分为双叶型、亚双叶型和单叶型疣足。

（1）双叶型疣足（图 1-4A）：背足刺和腹足刺支持的、具背（足）叶和腹（足）叶结构的疣足。在背叶，常分化为 1 至几个无刚毛的舌叶和具刚毛但不发达的背刚（毛）叶。位于背刚叶上下方的舌叶分别称为上背舌叶（背舌叶）和下背舌叶（中舌叶）；在腹叶，常分化为无刚毛的腹舌叶和具刚毛的腹刚（毛）叶，而腹刚叶又分为前刚叶和后刚叶，其中，前刚叶又依腹足刺的位置再分为两小叶，即上叶和下叶。

（2）亚双叶型疣足（图 1-4B）：疣足背叶退化，但仍保留背足刺或仅留 1 至几根背刚毛的疣足。在描记时，亦常混称为单叶型疣足。常为单叶沙蚕亚科 Namanereidinae 沙蚕所特有。

（3）单叶型疣足（图 1-4C）：背叶退化、无背足刺、仅留腹叶的疣足。如沙蚕的前两对疣足。

2. 背须和腹须

背须和腹须为疣足背部和腹部的须状或指状突起，与疣足的交接处常具明显的分界线，亦常记为疣足的一部分。但在叶沙蚕属 *Alitta*，体中后部的疣足背须嵌于膨大的背舌叶之中（图 5-10F，G）。

3. 刚毛

刚毛（图 1-5）为位于疣足叶外部或内部的几丁质刺

毛,由刚毛囊的毛原细胞分泌形成。具辅助运动、保护或捕食的功能。刚毛的形态也是分类重要的性状。常有以下划分。

(1)足刺(内刚毛):疣足内粗且色深的刚毛为足刺,亦称内刚毛。足刺肌支撑着足刺、疣足和其他刚毛。

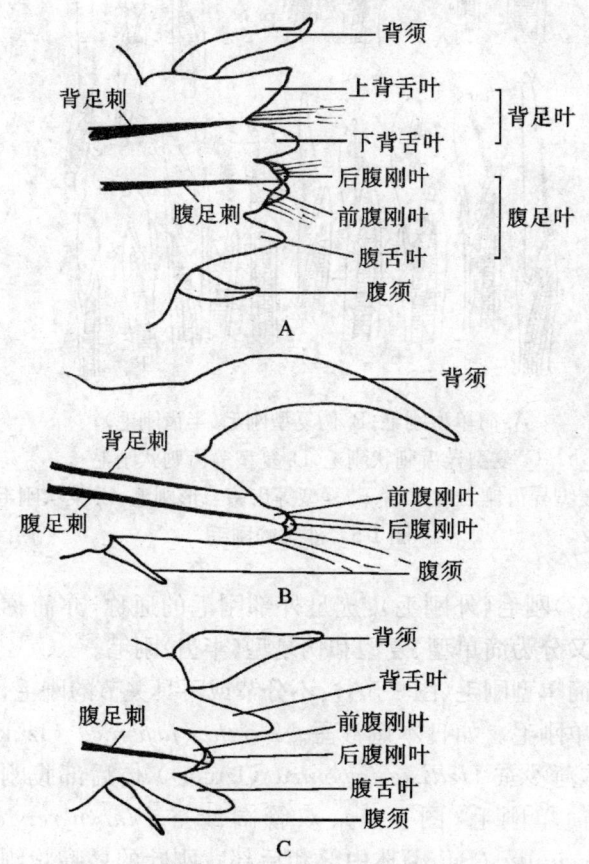

A. 双叶型疣足;B. 亚双叶型疣足;C. 单叶型疣足

图 1-4　沙蚕的疣足

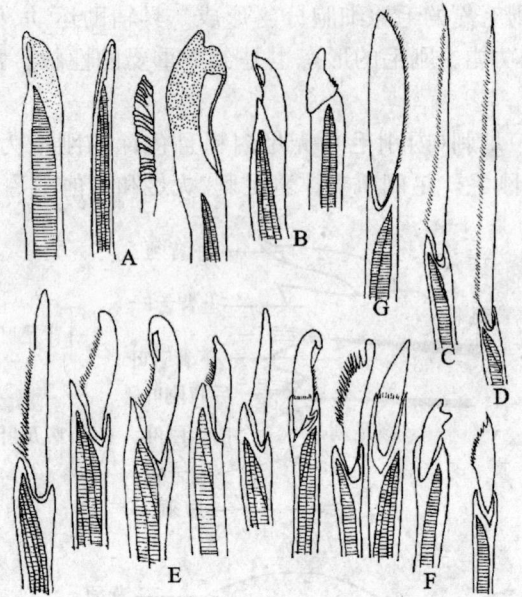

A. 简单型刚毛；B. 伪复型刚毛(半齿刚毛)；
C. 复型异齿刺状刚毛；D. 复型等齿刺状刚毛；
E. 复型异齿镰刀形刚毛；F. 复型等齿镰刀形刚毛；G. 桨状刚毛

图 1-5　沙蚕的刚毛

（2）刚毛（外刚毛）：疣足外部刚毛的通称，亦简称刚毛。又分为简单型、复型和伪复型（半齿）刚毛。

简单型刚毛（图 1-5A）：不分节或不具关节的刚毛，又称简单刚毛。如日本刺沙蚕 Neanthes japonica (Izuka)（日本菏沙蚕 Hediste japonica (Izuka)）体后部腹刚叶上的简单刚毛（图 4-1I）、双管阔沙蚕 Platynereis bicanaliculata (Baird) 体中部和后部背刚叶的鸟嘴状刚毛（图 5-17H）等。

复型刚毛：具分节或具关节的刚毛。其基部为柄，前端称端片。依端片形状（刺状、镰刀形、桨状）和柄前端2齿等大（等齿）或不等大（异齿）的形态组合，复型刚毛又可分为异齿刺状刚毛（图 1-5C）、等齿刺状刚毛（图 1-5D）、异齿镰刀形刚毛（图 1-5E）、等齿镰刀形刚毛（图 1-5F）和桨状刚毛（图 1-5G）。

伪复型刚毛（图 1-5B）：又称半齿刚毛。刚毛端片与柄部大部愈合，但有分界线，为介于简单型刚毛和复型刚毛间的一类刚毛。

（三）尾部

虫体最后一节，常称为尾（tail）或肛节。无疣足，具肛门和1对腹位的肛须。当虫体生长时，新体节在肛节前增殖。

二、沙蚕的结构和生理

显微镜下，沙蚕体节组织学的横切面，似两个同心管套在一起，其内管壁为消化管，外管壁为体壁，两管壁间的空腔即为体腔（图 1-6）。

（一）体壁

体壁从外及内由以下几层组成。

1. 角质膜

角质膜为表皮细胞分泌而成的非几丁质的硬蛋白膜。较薄且易弯曲，具保护作用。在组织学制片过程中易溶解失去，故常不易见。

2. 表皮

表皮为角质膜下方的单层柱状上皮细胞层。其中，具腺细胞和感觉细胞，尤以腹侧面和疣足叶基部腺细胞较多。腺细胞分泌黏液，以润滑虫体或其栖居的穴壁。表皮富血管，以利于呼吸。沙蚕表皮下的基膜不明显。

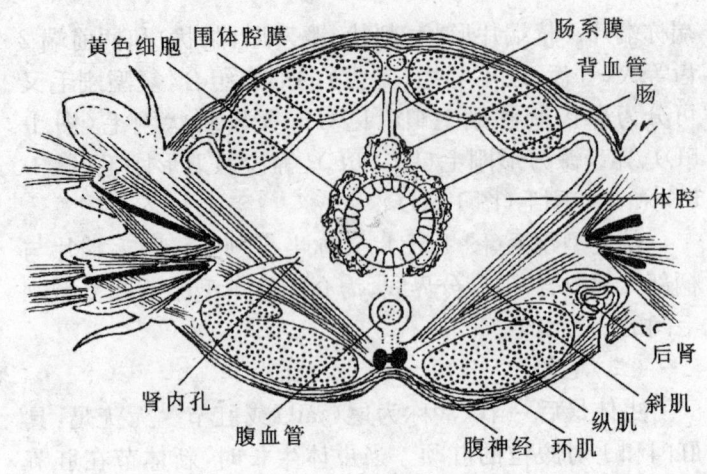

图 1-6　沙蚕体节的横切面（仿 Beauchamp）

3. 肌肉层

肌肉层分环肌、纵肌和斜肌等。环肌为外层环生者，较薄，于疣足处间断；内层较厚者为纵肌，纵肌分成 4 束，背腹侧各两束；在每个体节内，还有 1 对斜肌，每个斜肌又分为两支，一支穿过体腔达背部，另一支至疣足的腹基部；此外，疣足还具复杂的疣足肌。在功能上，环肌的收缩可使虫体变细长，纵肌的收缩使虫体变粗短，而斜肌和疣足肌则控制疣足叶和刚毛的运动。

4. 壁体腔膜

壁体腔膜位于体壁的最内层，为一层扁平细胞，是体腔膜的一部分。

（二）体腔

体腔为体壁与肠管间宽阔的腔隙（图 1-6），内外围有体腔膜。其中，近体壁的部分为壁体腔膜，而近肠管的部分为肠体腔膜或脏体腔膜。体腔内充斥着体腔液和变形细胞,具循环功能。在生殖期,体腔内具不同发育阶段的生殖细胞。

在发生上,体腔是由原口处的两个中胚层端细胞增殖、演化成中胚层带,后由中胚层带细胞间的裂隙演变而成,又称裂生体腔。因中胚层带按节排列,且每个体节具左右两个体腔囊,故当左右两个体腔囊在体节背、腹中线相遇时便形成背、腹肠系膜;被背、腹肠系膜排挤而残留的囊胚腔将是背、腹血管腔;前后体节的体腔膜相遇即发展为隔膜。沙蚕成体,隔膜常部分消失或具孔,使前后体腔得以联系,供循环或执行液体骨骼的功能。体腔经肾管或体腔管与体外相通。

体腔的出现,为运动、消化、循环等器官系统的功能复杂化提供了空间和物质基础。

(三)消化系统

消化系统包括消化管和消化腺两部分(图 1-7A)。

1. 消化管

消化管为从口到肛门的直管。根据其结构和来源可分为前肠、中肠和后肠三部分。前肠包括口、口腔、咽,口横裂于围口节腹面,口腔壁薄位于围口节内,咽富肌肉、可达第 4 体节,口腔和咽外为肌肉鞘包围形成口咽区,内衬角质膜或深褐色颚齿,前端具两个大颚;中肠包括食道、胃、肠,食道短而窄、达第 9 体节,两侧具 1 对大而不分枝的食道腺,可分泌消化液入食道,食道后部具括约肌,胃—肠是按节收缩的薄壁的直管;后肠(直肠)位于体后,最后的体节或称肛节,具肛门与体外相通。

消化管的组织学结构:显微镜下观察消化管的组织学切片,由外至内为脏壁膜、肌肉层(外层为纵肌层、内层为环肌层)、肠上皮。此外,在口腔和咽尚衬一层角质膜。

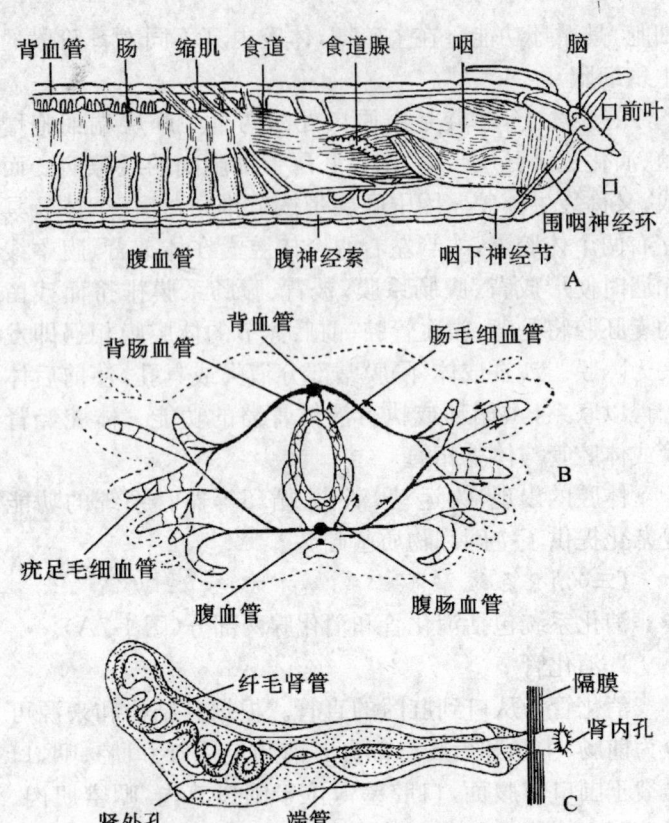

A. 体侧切面(示主要器官系统的相对位置);
B. 体节横切面(示循环路径);C. 后肾(示意图)(A 仿 Villee 等)

图 1-7 沙蚕的内部结构

　　沙蚕主要摄食软体、甲壳、其他小型动物以及有机碎屑或海藻。摄食时,体前部伸出穴外,同时因伸肌的牵引和体腔液的压力,驱动口咽区外翻成吻或称翻吻。一旦大颚挟持住食物,外伸的体前部便缩回穴中,翻吻也因缩肌的收缩而缩回。食物被吞咽后,在肠肌有节律地蠕动和食道腺及肠上皮腺细胞分泌的酶的作用下,运往肠中进行消化(细胞外消化)和吸收。未被消化的物质,经直肠由肛门排出体外。

(四)呼吸系统

沙蚕无特殊的呼吸器官。体表、尤其是薄的背表面和疣足的舌叶,都充满微血管网,微血管网是气体交换的主要场所。

(五)循环系统(图1-7A,B)

沙蚕为发达的闭管式循环系统。血液皆在血管内流动。

1. 主要血管

主要血管包括背血管、腹血管、连接血管。背血管,纵行于肠背中部的两背纵肌束之间,具收缩力,可使血液由后向前流,也收集体壁、肾、疣足和体节的两对背肠血管来的血液,约在第5体节分枝入食道壁;腹血管,纵行于肠下方腹中线,为无收缩力的分布性血管,血液由前向后流,并于每一体节通出两对腹肠血管;在肛节,背、腹血管以直肠血管环相连接;除第4、第5体节外,每个体节两侧皆具两对环状的连接血管,在疣足和体壁形成具呼吸功能的毛细血管网。

2. 血液

沙蚕血液亮红色。血红蛋白溶于血浆中,血浆中还含有变形的无色具核的血球。溶解的营养物质、代谢产物以及其他物质能通过血液到达身体各处,并通过壁薄的微血管扩散达组织。

(六)排泄系统(图1-7C)

除体前几体节外,每个体节都具一对按节排列的体节器,因具一个开于前体节体腔的纤毛肾内孔而不同于原肾,故又称后肾。后肾为一合胞体致密的腺体,腺体表面密集血管,腺体内具螺旋的纤毛肾管和无纤毛的端管。除肾内孔外,在疣足基部近腹须处具细而圆的肾外孔。由血液、体腔液带来的代谢产物,经后肾纤毛肾管的渗透和吸收浓缩后,形成含氮代谢产物(主要是氨)排出体外。

(七)神经系统(图1-8A)

与主动捕食生活相适应,沙蚕神经系统发达,为链式神经系,主要神经索位于腹部。其神经系统包括中枢、外周和内脏3个神经系。

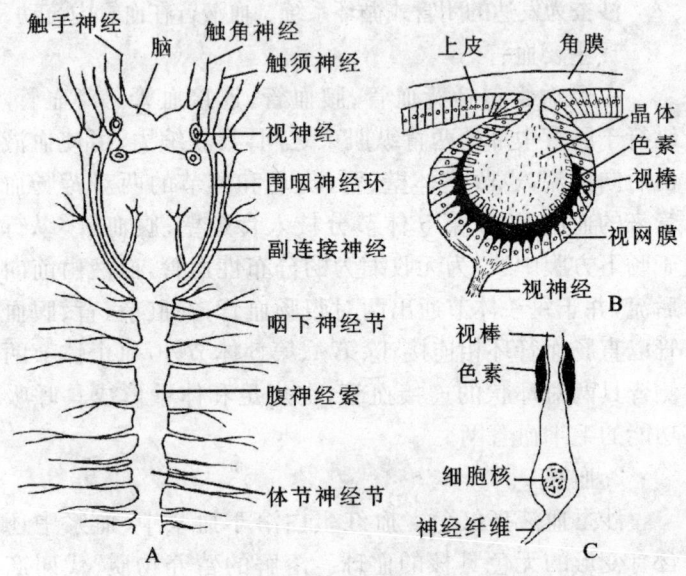

A. 神经系统;B. 眼的切面;C. 一个视网膜细胞

图1-8 刺沙蚕 *Neanthes* 的神经系统和眼(仿 Kotpal)

1. 中枢神经系

中枢神经系主要包括脑、围咽神经环、咽下神经节和腹神经索。脑又称咽上神经节或脑神经节,位于口前叶背部,为一个双叶形团块;围咽神经环,围绕咽使脑与第1

躯干节腹面的咽下神经节相连;咽下神经节,系由腹神经索的前两对神经节愈合而成;腹神经索,始于咽下神经节,位于腹中线腹血管下方,纵贯虫体全长,该索为左右两条神经索愈合,且在每一体节都具一个膨大的体节神经节使腹神经索呈链状,故沙蚕神经系统被称为链式神经系。

研究指出,运动的抑制和兴奋中枢,分别为脑和咽下神经节。另外,脑还分泌阻止个体过早成熟的激素。

2. 外周(围)神经系

外周(围)神经系为脑和各神经节发出的神经。由脑向前发出 1 对神经到触手,1 对神经到触角,脑背部发出两对神经到眼,由脑向后发出 1 对纤细的神经到项器。腹对触须系由围咽神经环上的神经节发出的神经支配,而到背对触须的神经则是由咽下神经节向前发出的 1 对平行于围咽神经环的副连接神经提供的。此外,各神经节还通出环节神经,在刺沙蚕属 *Neanthes*,除前两体节具两对外,其余体节都具 3 对,其中 1 对到体节前、1 对到疣足、第 3 对到隔膜部器官。而在沙蚕属 *Nereis* 每个体节神经节发出 4 对神经,第 1、第 4 对达纵肌和体壁,第 3 对由本体感受器的纤维组成。每条外周神经皆含传入和传出纤维。

3. 脏神经系

脏神经系由纤细的神经组成,并具几个神经节到咽壁,以控制吻的伸缩,一方面与脑后部相连,另一方面与围咽神经环相连。

(八)感觉器官

触手、触须都具触觉功能。而触角除具触觉功能外,又似其他动物的侧唇,亦具味觉和嗅觉功能。

项器系嗅觉和化学感受器官。

眼（图1-8B,C），黑色，4个，位于口前叶背表面，是特殊的视觉器官。每个眼都呈杯状，杯壁为视网膜，杯中具晶体，眼表面为扁平上皮细胞和透明的角质层共同形成的角膜。视网膜是由辐射排列的高而窄的接受光的视网膜细胞组成。而每个视网膜（视觉）细胞具向杯内突入的透明的角质棒（视棒）、有色素的细胞中部和向外延伸为视神经的神经纤维3部分。显然，视网膜细胞是变形的外胚层细胞并与其边缘的上皮细胞相连续。此外，眼杯向角膜处的开孔具瞳孔的功能。

（九）生殖系统

沙蚕除淡水者有雌雄同体外，多为雌雄异体，没有明显固定的生殖腺（精巢和卵巢）。生殖腺只是在生殖季节，由腹隔膜体腔上皮细胞快速增殖而成。除体前端体节，几乎每节都可能有生殖细胞。

生殖细胞处于精原细胞或卵原细胞阶段时，便被排入体腔，在体腔液中分别发育成熟为精子和卵。精子小，具圆形的头部和长的尾。卵大而圆，富卵黄球。

沙蚕无生殖管，肾管兼具生殖管的功能。有人认为，位于各体节背部纵肌束两侧的1对背纤毛器，在性成熟时亦具生殖管的功能。有的沙蚕，体壁常裂开排出生殖细胞。

三、沙蚕的生境和分布

1. 淡水、河口

溪沙蚕 *Namalycastis abiuma* (Müller)可栖于离河口较远的河流、湖沼、稻田和荷花池里，为纯淡水种；俗称禾虫的疣吻沙蚕 *Tylorrhynchus heterochaetus* (Quatrefages)，在上海复兴岛（退潮时盐度为0.12）、吴淞口（退潮时盐度为1)和长江南京段、珠江广州采到；羽须鳃沙蚕 *Dendronereis pinnaticirris* Grube，在三亚金鸡岭桥头11月底退潮时盐度为19.52的水域中采到，是适于咸淡水水域的中盐性种；软疣沙蚕 *Tylonereis bogoyawleskyi* Fauvel、琥珀叶沙蚕 *Alitta succinea*（Leuckart）（曾用名全刺沙蚕 *Nectoneanthes oxypoda*（Marenzeller））、双齿围沙蚕 *Perinereis aibuhitensis*（Grube）、斑纹围沙蚕 *Perinereis cavifrons*（Ehlers）、多齿围沙蚕 *Perinereis nuntia*（Savigny）和扁齿围沙蚕 *Perinereis vancaurica*（Ehlers）等可生活于咸淡水和海水水域，系适应能力较强的海水种（在塘沽海河河口昼夜盐度变化为0.93~21，青岛潮间带退潮时盐度为30、潮下带20 m为30.39）；另外，日本刺沙蚕 *Neanthes japonica*（Izuka）（日本荷沙蚕 *Hediste japonica*（Izuka））更是典型的咸淡水种，见于塘沽海河河口（昼夜盐度变化为0.93~21）、上海复兴岛、吴淞口，亦见于青岛潮间带和潮下带。

2. 潮间带

（1）岩岸和珊瑚礁：

黄海，在烟台烟台山和青岛大黑澜，潮间带高潮区砾石底有大量的多齿围沙蚕 *Perinereis nuntia*（Savigny）；中潮区褶牡蛎 *Ostrea plicatula* Gmelin带，优势种有异须沙蚕 *Nereis heterocirrata* Treadwell、独齿围沙蚕 *Perinereis cultrifera*（Grube）和双管阔沙蚕 *Platynereis bicanaliculata*（Baird），其他有宽叶沙蚕 *Nereis grubei*（Kinberg）、多齿沙蚕 *Nereis multignatha* Imajima et Hartman、游沙蚕 *Nereis pelagica* Linnaeus、琥珀叶沙蚕 *Alitta succinea*（Leuckart）、多齿围沙蚕 *Perinereis nuntia*（Savigny）等；低潮区分布有异须沙蚕 *Nereis hetero-*

cirrata Treadwell、多齿沙蚕 Nereis multignatha Imajima et Hartman、旗须沙蚕 Nereis vexillosa Grube 和独齿围沙蚕 Perinereis cultrifera (Grube)等。

东海,在浪击带的海绵、苔藓和海藻群落中有真齿沙蚕 Nereis neoneanthes Hartman,潮间带分布有双管阔沙蚕 Platynereis bicanaliculata (Baird)、宽叶沙蚕 Nereis grube (Kinberg)、异须沙蚕 Nereis heterocirrata Treadwell、多齿沙蚕 Nereis multignatha Imajima et Hartman,琥珀叶沙蚕 Alitta succinea (Leuckart)、枕围沙蚕 Perinereis vallata (Grube)、扁齿围沙蚕 Perinereis vancaurica (Ehlers)和杂色伪沙蚕 Pseudonereis variegata (Grube)等。

南海,在石珊瑚已成礁的广东大亚湾、盐田和广西的围洲岛,具短须角沙蚕 Ceratonereis costae (Grube)、红角沙蚕 Ceratonereis erythraeensis Fauvel、石纹角沙蚕 Ceratonereis marmorata Horst、奇异角沙蚕 Ceratonereis mirabilis Kinberg、粗突齿沙蚕 Leonnates decipiens Fauvel、滑镰沙蚕 Nereis coutierei Gravier、疏毛沙蚕 Nereis jacksoni Kinberg、齐齿沙蚕 Nereis nichollsi Kott、色斑刺沙蚕 Neanthes maculata Wu et al.、弯齿围沙蚕 Perinereis camiguinoides (Augener)、斑纹围沙蚕 Perinereis cavifrons (Ehlers)、菱齿围沙蚕 Perinereis rhombodonta Wu et al.、扁齿围沙蚕 Perinereis vancaurica (Ehlers)、伪沙蚕 Pseudonereis gallapagensis Kinberg、杂色伪沙蚕 Pseudonereis variegata (Grube)、双管阔沙蚕 Platynereis bicanaliculata (Baird)、杜氏阔沙蚕 Platynereis dumerilii (Audouin et Milne Edwards)、美丽阔沙蚕 Platynereis pulchella Gravier 等;在海南新盈、陵水、新村、三亚等石珊瑚间,具突齿沙蚕 Lennates indicus Kinberg、滑镰沙蚕 *Nereis coutierei* Gravier、独齿围沙蚕 *Perinereis cultrifera* （Grube）、多齿围沙蚕 *Perinereis nuntia* (Savigny)和伪沙蚕 *Pseudonereis gallapagenesis* Kinberg 等；在西沙群岛礁平台鹿角珊瑚 *Acropora* 带，有三崎舌沙蚕 *Rullierinereis misakiensis* （Imajima et Hayashi）、角沙蚕 *Ceratonereis mirabilis* Kinberg 和齐齿沙蚕 *Nereis nichollsi* Kott 等，在菊花珊瑚 *Goniastrea* 具角沙蚕 *Ceratonereis mirabilis* Kinberg、镰毛沙蚕 *Nereis falcaria* （Willey）、齐齿沙蚕 *Nereis nichollsi* Kott、三带沙蚕 *Nereis trifasciata* Grube、菱齿围沙蚕 *Perinereis rhombodonta* Wu et al.、异形伪沙蚕 *Pseudonereis anomala* Gravier、伪沙蚕 *Pseudonereis gallapagensis* Kinberg、长须阔沙蚕 *Platynereis abnormis*（Horst）和杜氏阔沙蚕 *Platynereis dumerilii*（Audouin et Milne Edwards)等。

（2）软相底质：

黄海，在青岛沧口泥砂滩，高潮区分布有双齿围沙蚕 *Perinereis aibuhitensis*（Grube）、拟突齿沙蚕 *Paraleonnates uschakovi* Chlebovitsch *et* Wu，中潮区分布有日本刺沙蚕 *Neanthes japonica*（Izuka）(日本菏沙蚕 *Hediste japonica*（Izuka））、红角沙蚕 *Ceratonereis erythraeensis* Fauvel 等，低潮区分布有光突齿沙蚕 *Leonnates persica* (Izuka)、拟突齿沙蚕 *Paraleonnates uschakovi* Chlebovitsch *et* Wu 和琥珀叶沙蚕 *Alitta succinea*（Leuckart)等。

东海，在浙江、福建沿海有软疣沙蚕 *Tylonereis bogoyawleskyi* Fauvel，拟突齿沙蚕 *Paraleonnates uschakovi* Chlebovitsch *et* Wu、红角沙蚕 *Ceratonereis erythraeensis* Fauvel、日本刺沙蚕 *Neanthes japonica*（Izuka）（日本菏沙蚕 *Hediste japonica*（Izuka））、东海刺沙蚕

Neanthes donghaiensis Wu et al.、双齿围沙蚕 Perinereis aibuhitensis (Grube)等。

南海,在广东有软疣沙蚕 Tylonereis bogoyawleskyi Fauvel、波斯沙蚕 Nereis persica Fauvel、三带沙蚕 Nereis trifasciata Grube、光突齿沙蚕 Leonnates persica Wesenberg-Lund、缅甸角沙蚕 Ceratonereis burmensis Monro、双齿围沙蚕 Perinereis aibuhitensis (Grube)等。

(3)海南岛红树林群落,分布有拟突齿沙蚕 Paraleonnates uschakovi Chelebovitsch et Wu、双齿围沙蚕 Perinereis aibuhitensis (Grube)等。

3. 潮下带

《中国近海沙蚕科研究》(1981)一书,分析了中国科学院海洋研究所历年来在中国近海拖网和采泥所获的沙蚕 28 种,其中渤海采到 7 种、黄海 14 种、东海 6 种、南海 14 种(含北部湾 7 种),有 21 种系拖网采到、10 种为采泥样品,其中 3 种在拖网和采泥中均采到。

在黄、渤海,长须沙蚕 Nereis longior Chlebovitsch et Wu 的出现频率大,在 72 个站位均采到,故是该海区的优势种。其次是生活于大寄居蟹 Pagurus ochotensis Brandt 的螺壳中的环唇沙蚕 Cheilonereis cyclurus (Harrington),在 30 个站位采到。他们都分布于黄海较深水域,这与黄海常年存在的低水温,特别是与终年存在的冷水团有关。

在东海,沙蚕的优势种是斑裸沙蚕 Nicon maculata Kinberg、多齿沙蚕 Nereis multignatha Imajima et Hartman 和游沙蚕 Nereis pelagica Linnaeus。东海,是斑裸沙蚕 Nicon maculata Kinberg 的北限,是多齿沙蚕的南界,他们都分布在 W125°以东,水深 182 m。

在南海,波斯沙蚕 Nereis persica Fauvel 是沙蚕科的优势种,在47个站位均拖到其标本,汕头附近水域可能是其分布的北限。其次,在珠江口以西、北部湾和南海附近,有分布较多的南海刺沙蚕 *Neanthes nanhaiensis* Wu et al.。其他,尚有简毛角沙蚕 *Ceratonereis anchylochaeta*（Horst）和短须角沙蚕 *Ceratonereis costae*（Grube）。沙蚕科沙蚕在南海分布的特点是种数多、个体数少。

四、沙蚕的生活史

沙蚕多为雌雄异体、异体受精。

生活史是个体从受精卵到子代受精卵形成的过程或周期。沙蚕生活史(图1-9)经历:受精卵→卵裂→囊胚→原肠胚→担轮幼虫→后担轮幼虫→幼虫(游毛幼虫)→幼体(刚节幼体)→成虫→异沙蚕体(生殖态)→子代受精卵。

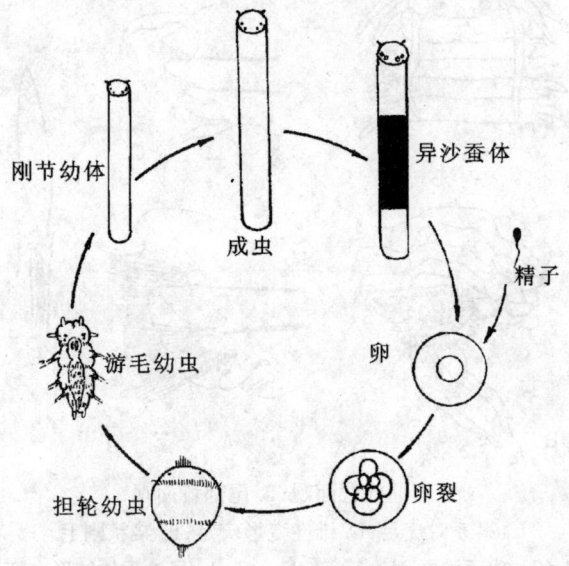

图 1-9　沙蚕生活史示意图

（一）异沙蚕体

1. 异沙蚕体（生殖态）

异沙蚕体是以沙蚕为代表的一种特殊的生殖现象，由底栖个体向起浮（生殖）个体转变的过程。在沙蚕，常由体前部的非生殖体区和中后部的生殖体区组成。

2. 异沙蚕体的形态变化

异沙蚕体与底栖个体相比，具以下形态变化（图1-10）：

（1）头部：4个眼明显变大且出现晶体，触手、触角变短，触须相对变长。

（2）躯干部：长度常缩短，常出现有性体节组成的生殖体区。

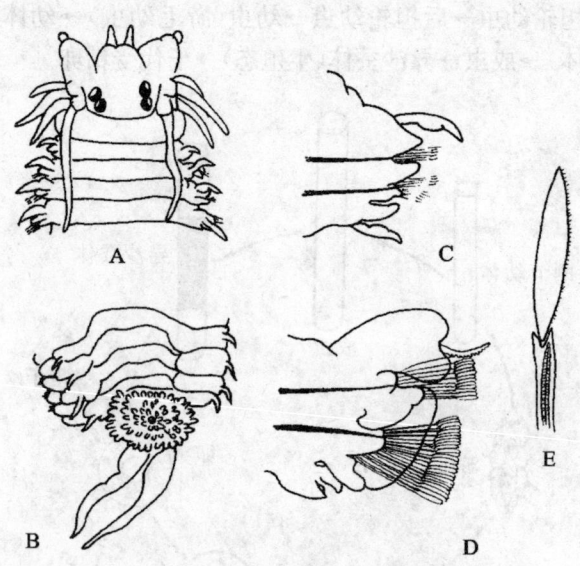

A. 体前部背面观；B. 尾部背面观；
C. 第5对疣足；D. 雄性变形疣足；E. 桨状刚毛

图1-10 旗须沙蚕 *Nereis vexillosa* Grube 异沙蚕体的形态变化

(3)疣足:有性体节的疣足变化最大,其舌叶加宽变扁,刚毛叶呈叶状或扇状且极富血管,雌虫背须须状,而雄虫背须则出现锯齿状的乳突,刚毛为排成扇状的桨状刚毛所替代。

(4)肛门:有的沙蚕如旗须沙蚕 *Nereis vexillosa* Grube 雄虫肛门周围出现花瓣状排列的乳突。

(5)虫体内部:体壁组织溶解重组,肠和隔膜自溶常被吸收消失,血管发达,疣足肌显著拉长。

上述种种变化,既能保证沙蚕的生殖细胞获得足够的营养和宽敞的发育空间,也有利于虫体起浮以采取特殊的生殖对策。

但是,不同种的沙蚕,生殖时躯干部的变化也不尽相同:广盐性的日本刺沙蚕 *Neanthes japonica* (Izuka)(日本菏沙蚕 *Hediste japonica* (Izuka))躯干部的体节(有性节)形态上没有发生显著的变化,即有性个体和无性个体除体色外在第二性征方面没有什么不同(图1-11A);短须角沙蚕 *Ceratonereis costae* (Grube)、双齿围沙蚕 *Perinereis aibuhitensis* (Grube)等,躯干部可分为3区,仅躯干中部具变形的有性节,即具正常的体前部—变形的体中部—接近正常的体后部(图1-11B);而游沙蚕 *Nereis pelagica* Linnaeus、双管阔沙蚕 *Platynereis bicanaliculata* (Baird)和旗须沙蚕 *Nereis vexillosa* Grube 等,躯干部可分为两区(体中后部皆为变形的有性节),即具正常的体前部和变形的体中后部(图1-11C)。

(二)群浮和婚舞

性成熟时,分散而居的沙蚕若要成功地使精卵相遇,必须使两性个体在一起。除有的淡水沙蚕雄虫可进入雌虫穴道内达到生殖的目的外,多数沙蚕采取的最优生殖对策,是在一定时期同步地离开栖息地,由底栖起浮于海面游动以排精放卵,此生殖习性称为群浮。如上所述,异沙蚕体无论在形态上和生理上都做好了群浮的充分准备。群浮者受温度和月相的影响,多在一年中的几星期或几天内起浮,具一定的周期性。

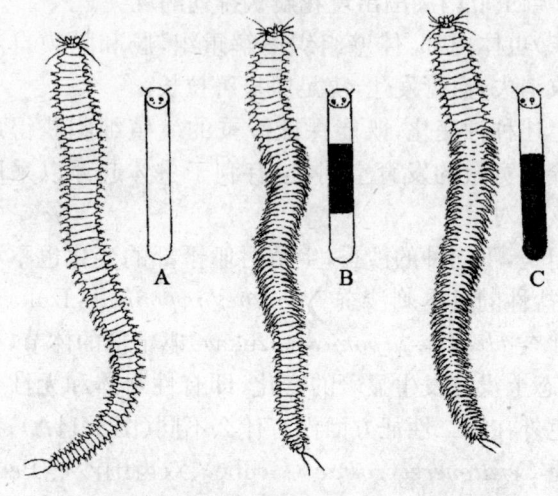

A. 躯干部不分区(无明显变形的有性节);
B. 躯干部分为3区(仅体中部具变形的有性节);
C. 躯干部分为2区(体中后部皆为变形的有性节)
(仿 Barrington 从 Durchon 改绘)
图 1-11 不同沙蚕的异沙蚕体

最初是雌虫先排出性信息素以吸引雄虫排精,排出的精子反过来又刺激雌虫产卵。沙蚕在群浮时,雌雄虫常相伴做圆形的旋转游动,在旋转缠绕过程中排精放卵,此为婚舞。群浮或婚舞后的成虫,大多沉于海底死去,而将其受精卵留给大自然去抚育。

实验指出,沙蚕生殖时的同步性(同种、同地、同时),具体表现在三个方面:一是配子的同步成熟;二是异沙蚕体的同步起浮;三是雌雄配子的同步释放。

配子的同步成熟和异沙蚕体的同步起浮,是内分泌系统的神经激素在外界因素(温度、月相、潮汐等)的影响下,有节律地进行的。若除去未成熟沙蚕的脑,则该沙蚕可提早转变为生殖个体。若沙蚕生殖个体的脑被非生殖个体的脑替换的话,那么生殖个体的性状便受到抑制。这说明脑是产生抑制或阻滞变态的激素之地。但是,对沙蚕群浮的生理原因和周期性仍需深入研究,可能包含极复杂的因素。

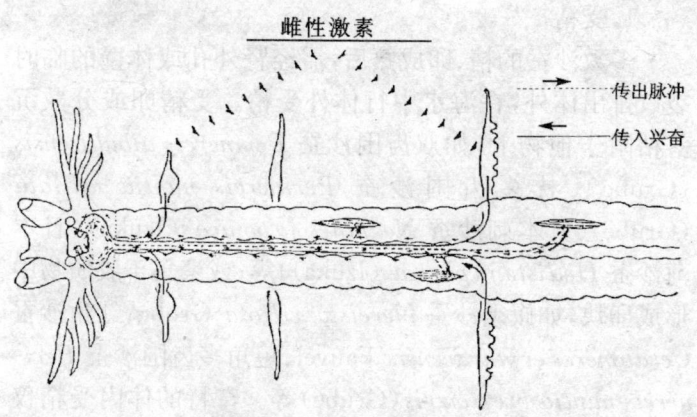

图1-12 性信息素的神经传导(仿 Boilly-Marer)

雌雄配子的同步释放,是受性信息素的控制。生物能释放影响同种其他个体行为的化学物质,称为信息素。Lillie 和 Just(1931)发现,群浮的异沙蚕体在有异性体腔液存在时可释放配子,故异性体腔液中存在着性信息素。Boilly-Marer(1974)称,性信息素是低极性、小分子的化合物。Zeeck 和 Hardege(1988,1990)首次从杜氏阔沙蚕 *Platynereis dumerilii*(Audouin *et* Milne Edwards)中提取并报道了 5-甲基-3-庚酮(5-methyl-3-heptanone)。随后 Hardege(1992)又报道,5-甲基-3-庚酮虽是杜氏阔沙蚕 *Platynereis dumerilii*(Audouin *et* Milne Edwards)、多齿围沙蚕 *Perinereis nuntia*(Savigny)等具异沙蚕体的沙蚕体腔液中都有的性信息素,但在日本刺沙蚕 *Neanthes japonica*(Izuka)(日本菏沙蚕 *Hediste japonica*(Izuka))中的性信息素是辛二烯-[3,5]-酮-[2](3,5-octadiene-2-one)。

(三)个体发育

1.受精

多数沙蚕的精、卵成熟后,需经肾外孔或体壁的临时裂口排出体外,在海水中行体外受精。受精卵或分散沉落粘附于他物上,如双齿围沙蚕 *Perinereis aibuhitensis*(Grube)、枕多齿围沙蚕 *Perinereis nuntia vallata*(Grube)、日本刺沙蚕 *Neanthes japonica*(Izuka)(日本菏沙蚕 *Hediste japonica*(Izuka))等;或聚集于胶质物中形成卵块,如旗须沙蚕 *Nereis vexillosa* Grube、红角沙蚕 *Ceratoneres erythraeensis* Fauvel、短角多齿围沙蚕 *Perinereis nuntia brevicirris*(Grube)等。奇特的体内受精仅见于巨阔沙蚕 *Platynereis megalopa*(Verrill),雄虫常把尾部插入雌虫口中,被雌虫咬断后,精子便穿过雌虫的咽进入体腔达到受精的目的。

2.卵裂

沙蚕为多黄卵,受精后的第 1、第 2 次细胞分裂为不等纵裂,第 3 次细胞分裂为螺旋横裂。在 4 细胞期,分裂球的发展命运就被决定,故为定型卵裂。

3. 囊胚期

囊胚期为细胞分裂球越来越多和越来越小且成单层分布的时期。沙蚕囊胚无腔。

4. 原肠胚

胚胎由单层向双层发生质的变化，沙蚕的原肠作用以外包为主。以后，胚孔将形成成体的口，肛门将于他处形成。

5. 担轮幼虫

沙蚕的担轮幼虫是在卵膜内度过。孵化时已具浮游能力、有分节迹象的纤毛带和刚毛囊的后期担轮幼虫（图1-13）。

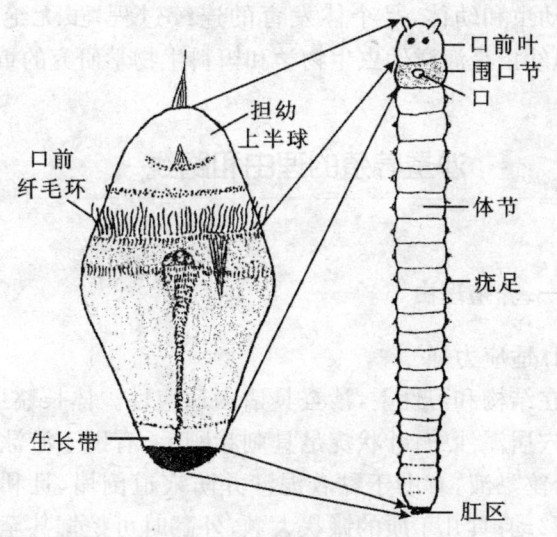

图1-13　担轮幼虫和成体间各部的关系（仿Rouse, 2001）

6. 游毛幼虫（曾译名为疣足幼虫）（nectochaeta）

游毛幼虫具1对分节的触角、1对触手、1～3对围口节触须和锥形的肛须、仍靠卵黄营养、肛门从无到有、具数条纤毛带、仍在水中浮游,因具 3 对疣足及刚毛故又称 3 刚节的游毛幼虫。游毛幼虫期是沙蚕变态的关键,也是沙蚕幼虫大批死亡的阶段。

7.刚节幼体(setiger juvenile)

当纤毛带全都消失、第 4 对围口节腹触须在其背触须腹面出现、底栖生活,此变态后的个体被称为幼体(已具 10 个刚节)。

因沙蚕科动物在胚胎发育时,原第 1 刚节刚毛脱落参与演变为围口节的一部分,故外观具 10 刚节的个体实际是 11 刚节。

幼虫和幼体,是个体发育的连续过程,虽无绝对界线,但幼虫是海洋幼虫生物学和饵料生物学研究的重点。

第三节　沙蚕养殖的理由和路线

一、养殖理由

1.适应力强

在结构和习性上,沙蚕具诸多适应性。体长蠕虫状,适于穴居泥沙中;叶状疣足具刺状刚毛,有助于游泳和爬行;分泌黏液,有助于黏着泥沙并防穴道倒塌,且利于在穴内移动;具几丁质的镰状大颚,外翻时可挖掘甚至捕捉食物;穴居和夜间活动的习性,可免遭敌害的捕食;薄的疣足和富血管的体壁,便于气体交换;异沙蚕体(相)的群浮,保证精卵相遇而受精;自由浮游的幼虫,可随潮流或海流达远而广的分布。

2. 营养丰富

俞大维等(1985)对我国杭州湾产的日本刺沙蚕 Neanthes japonica (Izuka)(日本疣沙蚕 Hediste japonica (Izuka))的化学成分和组成的分析指出：粗蛋白占干重的67.77%（表1-1），每克干物质总热量达25.5 kJ(6.1千卡)，所含氨基酸相当齐全，所测18种氨基酸全部检出（表1-2），其中包括人、畜、禽、鱼所要求的全部必需氨基酸，尤以谷氨酸的含量最高。从营养学观点和经济上考虑，沙蚕粉比舟山鱼粉对幼鲤的增重效果明显。因此，建议水产、饲料等部门对这一资源的开发利用和保护予以重视。

表1-1 日本刺沙蚕的一般化学成分（%）（括号内示干重）

水分	粗蛋白	粗脂肪	碳水化合物	粗灰分
88.55	7.76(67.77)	2.54(22.19)	0.43(3.74)	0.72(6.29)

（仿俞大维等）

表1-2 日本刺沙蚕的氨基酸组成（占粗蛋白%）

天门冬氨酸	苏氨酸	丝氨酸	谷氨酸	甘氨酸	丙氨酸	半胱氨酸	缬氨酸	蛋氨酸	异亮氨酸	亮氨酸	酪氨酸	苯丙氨酸	赖氨酸	组氨酸	精氨酸	脯氨酸	半色氨酸
8.30	4.33	3.82	11.87	4.49	5.56	1.07	4.54	1.95	4.27	6.88	3.12	3.57	6.02	1.77	5.94	3.70	1.25

（仿俞大维等）

分析指出，双齿围沙蚕营养丰富（滕瑜等，2005；黄晓春等，2005）：干重含蛋白60.33%～65.92%(49.48%～51.20%)、脂肪8.23%～13.16%(5.64%～10.48%)、糖3.42%～5.16%、灰分2.58%～5.20%(19.52%～29.19%)；湿重含水分81.06%～83.66%(82.49%～85.71%)；不饱和脂肪酸占总脂肪酸的26.18%～29.56%，

富含 EPA 6.89%~12.28%(括号内数据自滕瑜等,2005)。18 种氨基酸(色氨酸溶于水)在双齿围沙蚕中全部验出,营养成分超过国产鱼粉。其中,呈味氨基酸(精氨酸、天门冬氨酸、谷氨酸、甘氨酸和丙氨酸)明显高于国产鱼粉,增幅达 5%左右,这也是作为饵料可口性的原因之一(表1-3)。

表1-3 双齿围沙蚕和国产鱼粉氨基酸含量的比较(%)

氨基酸	东营河口标本	青岛双埠标本	浙江温岭标本	国产鱼粉
苏氨酸*☆	2.10	2.73	2.02	2.51
缬氨酸*☆	2.81	2.25	2.35	2.93
蛋氨酸*☆	2.44	1.62	1.68	1.49
异亮氨酸*☆	2.15	2.03	2.37	2.66
亮氨酸*☆	3.11	1.95	3.87	4.25
苯丙氨酸*☆	2.81	2.97	2.33	2.38
赖氨酸*☆	2.99	3.15	4.30	7.10
组氨酸☆	1.35	1.48	1.41	1.61
精氨酸☆⊙	3.30	2.06	3.64	4.09
天门冬氨酸⊙	4.93	4.80	4.61	5.31
谷氨酸⊙○	6.88	5.91	7.71	8.44
甘氨酸⊙○	3.64	4.85	2.77	3.08
丙氨酸⊙	2.37	3.61	3.67	3.92
丝氨酸	1.08	1.15	1.99	2.66
脯氨酸	1.22	0.94	1.13	3.15
酪氨酸⊕	1.75	1.61	2.10	1.79
胱氨酸⊕	0.83	1.69	0.49	0.57
色氨酸⊕		23.5 mg/100 g		

* 人体必需氨基酸;☆ 鱼虾必需氨基酸;⊙ 呈味氨基酸;○ 免疫氨基酸;
⊕ 人体半必需氨基酸   (据滕瑜等、黄晓春等,2005)

3. 种群年周转率高

沙蚕的年周转率为 1.6～3.4(表 1-4)。

表 1-4　沙蚕的年周转率(turnover rate, P/B)

杂色刺沙蚕 *Neanthes diversicolar*	2.5
杂色刺沙蚕 *Neanthes diversicolar*(2)	1.8
绿色刺沙蚕 *Neanthes virens*	1.6
杭氏沙蚕 *Nereis hombergi*	1.7
双齿围沙蚕 *Perinereis aibuhitensis*	3.4
多齿围沙蚕 *Perinereis nuntia*	1.6

(据 Gray 等整理)

4. 保护资源

据报道,江苏启东自 20 世纪 80 年代以来,年可采捕沙蚕 200 t 左右,但 1999 年仅 30 多吨;山东东营河口区,1997 年"双齿围沙蚕可持续利用试验研究"称,每年可采捕 100 多吨,但 2000 年因黄河断流海水盐度过高而未能形成产业;海南省三亚牙龙湾每年可养沙蚕两茬,2000 年则因台风使海水倒灌影响了产量。在韩国,多毛类作为饵料出售到日本、法国和意大利,自 1970 年后期至 1980 年,每年达 1 000 t,但 1991 年后减至 700 t 或更少。总之,酷捕滥采、工业和生活污染、天灾等的影响,均说明保护沙蚕资源刻不容缓。养殖沙蚕,是资源补充的重要途径。

5. 养殖法已趋成熟

不仅创建了具中国特色的滩涂土池养殖双齿围沙蚕 *Perinereis aibuhitensis*(Grube),而且工厂化水泥池养殖

多齿围沙蚕 *Perinereis nuntia*（Savigny）和开闸纳苗虾池养殖日本刺沙蚕 *Neanthes japonica*（Izuka）（日本菏沙蚕 *Hediste japonica*（Izuka））等都粗具规模。

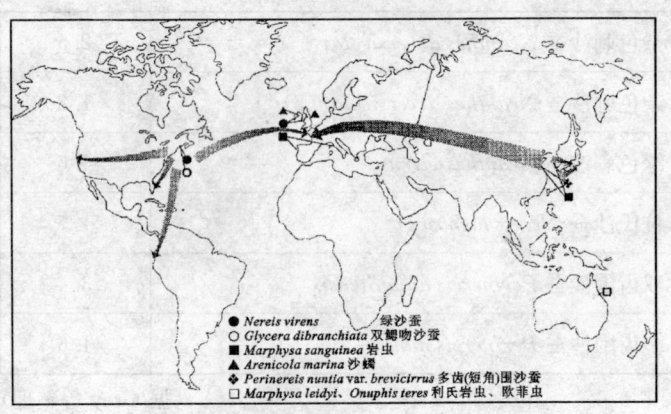

图 1-14　全球钓饵多毛动物的集散地（仿 Olive，1994）

6. 经济效益

沙蚕在我国的生产量和供作钓饵的出口量，未见权威方面的统计数，估计年产量达 1 000 t，年产值 7 000 万美元。尤其是具我国特色的土池沙蚕养殖，已成为有些地区投入少、见效快、赢利大的新兴产业。

沙蚕的保健价值，迄今尚未见权威文献报道。沙蚕在滋补、保健、药用等方面的价值，虽有开发，但都有待进一步研究和评估。在此也应特别指出，外界盛传的"沙蚕毒素"（nereistoxin），不是由沙蚕科沙蚕开发来的。

二、养殖路线

沙蚕养殖路线见图 1-15。

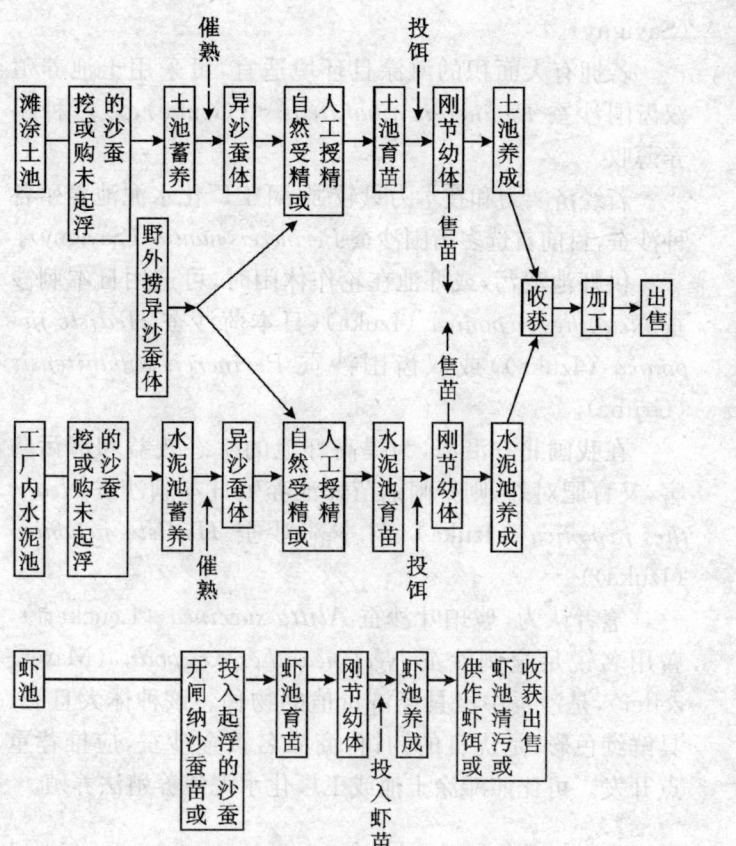

图 1-15 沙蚕养殖路线示意图

采用何种路线(工艺流程)养殖沙蚕,取决于养殖者或厂家的养殖目的、经济实力、技术力量、环境条件、资源状况、客商的要求、销售渠道等等。在综合考察和评价后,因地制宜,灵活运用。

供出口钓饵,易选用双齿围沙蚕 *Perinereis aibuhitensis*（Grube）和多齿围沙蚕 *Perinereis nuntia*

（Savigny）。

若拥有大面积的滩涂且环境适宜,可采用土池养殖双齿围沙蚕 Perinereis aibuhitensis（Grube）,以广种粗养薄收。

若经济实力和技术力量较强,可工厂化水泥池养殖各种沙蚕,目前首选多齿围沙蚕 Perinereis nuntia（Savigny）。

供虾池清污,或虾池在轮作休闲时,可选用日本刺沙蚕 Neanthes japonica（Izuka）（日本菏沙蚕 Hediste japonica（Izuka））或双齿围沙蚕 Perinereis aibuhitensis（Grube）。

在我国北方沿海,为提高虾池的生态效益和清污防害,又育肥对虾,则开闸纳苗虾池养殖日本刺沙蚕 Neanthes japonica（Izuka）（日本菏沙蚕 Hediste japonica（Izuka））。

笔者认为,琥珀叶沙蚕 Alitta succinea（Leuckart）,曾用名锐足全刺沙蚕 Nectoneanthes oxypoda（Marenzeller）,是沙蚕中极具经济价值的物种。该种体大且肥、具鲜红色彩,是优良的钓饵,商品名黄金沙蚕,应推荐重点开发。可比照滩涂土池或工厂化水泥池养殖法养殖。

第二章　滩涂土池养殖——双齿围沙蚕
Perinereis aibuhitensis (Grube)

土池沙蚕养殖，面积大、易操作、投入少、产量高，是现阶段独具我国特色的养殖。

第一节　双齿围沙蚕的生物学

双齿围沙蚕形态、生境和分布、异沙蚕体、个体发育的资料，为养殖提供依据。

一、外形

1. 体色

活标本肉红色或蓝绿色并具闪光。酒精标本黄白、黄褐、紫褐或肉红色，大多数标本上背舌叶具咖啡色色斑。福尔马林保存的标本,体背面青绿色、背须色深,亦见体前部黄绿色、体后部色深并杂有黑绿色色斑者,肛节呈褐色,肛须色较淡。

2. 大小

体长 190 mm 的标本具 200～220 个刚节。大标本体长 270 mm,体宽(含疣足)14 mm,具 230 个刚节。

3. 头部(图 2-1A)

口前叶似梨形,前缘完整,触手稍短于两节的触角。两对眼呈倒梯形排列于口前叶中后部,前对眼稍大。围口节稍宽于其后的刚节,具围口节触须 4 对,最长者后伸可达第 6～8 刚节。大颚(图 2-1B,C)具侧齿 6～7 个。

4. 吻(图 2-1A～C)

除Ⅵ区具平滑的扁横棒状颚齿 2～3 个排成一排或 4 个排成两排外,其余各区皆具圆锥状颚齿:Ⅰ区 2～4 个(或 6 个)纵列或成堆,Ⅱ区 12～18 个为 2～3 个弯曲排,Ⅲ区 30～54 个为椭圆形堆,Ⅳ区 18～25 个成 3～4 斜排,Ⅴ区具 2～4 个(3 个时排成三角形),Ⅶ、Ⅷ区 40～50 个为两横排。

因个体和产地的差异,吻Ⅰ、Ⅴ、Ⅵ区的颚齿数和排列方式常有变化(图 2-2)。

5. 疣足

除前两对疣足单叶型外,余皆为双叶型。体前部双叶型疣足(图 2-1D),上背舌叶近三角形,背腹须皆为须状,背须与上背舌叶约等长,腹须短、仅为下腹舌叶的一半。体中部疣足(图 2-1E),背须短于上背舌叶,上背舌叶尖细,下背舌叶稍短且钝,两个腹前刚叶和 1 个腹后刚叶与下腹舌叶近等长,腹须短。体后部疣足(图 2-1F),明显变小,上下背舌叶和腹舌叶变小为指状。

6. 刚毛

疣足背刚毛皆为复型等齿刺状(图2-1G)。疣足腹刚毛,在腹足刺上方者为复型等齿刺状和异齿镰刀形(图2-1J),腹足刺下方者为复型异等齿刺状(图2-1H,I)和异齿镰刀形。

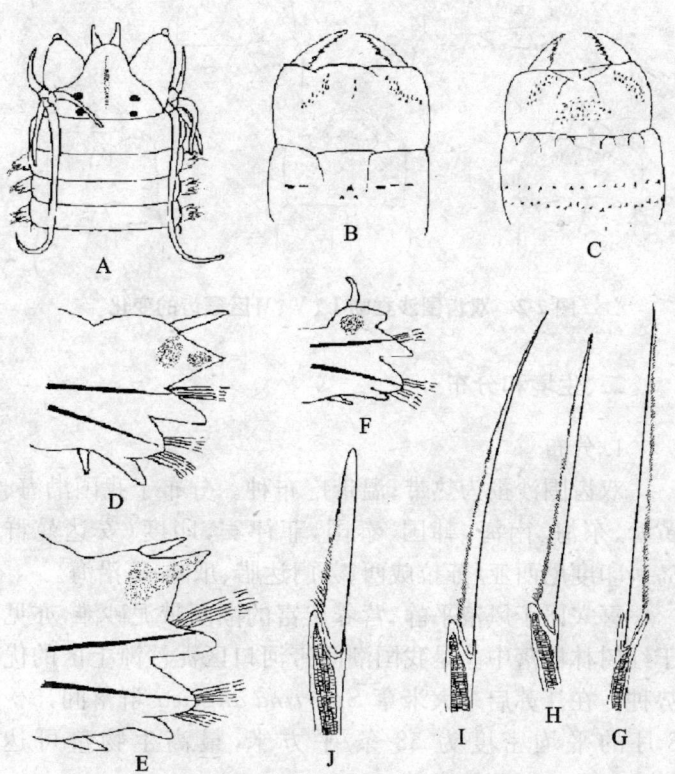

A. 体前部背面观;B. 吻的背面观;C. 吻的腹面观;
D. 第15对疣足后面观;E. 体中部疣足后面观;
F. 体后部疣足后面观;G. 复型等齿刺状刚毛;
H～I. 复型异齿刺状刚毛;J. 复型异齿镰刀形刚毛

图2-1 双齿围沙蚕的外形

图 2-2　双齿围沙蚕吻Ⅰ、Ⅴ、Ⅵ区颚齿的变化

二、生境和分布

1. 分布

双齿围沙蚕为热带、温带广布种。分布于我国渤海、黄海、东海、南海,韩国,泰国,菲律宾,印度(安达曼群岛),印度尼西亚(苏拉威西、苏门达腊、爪哇)等沿海。

喜穴居于风浪平静、营养丰富的潮间带泥砂滩,亦见于红树林群落中。是我国潮间带河口区泥沙滩上区的优势种。在江苏启东大米草 Spartina anglica 群落间,5~8月的平均密度为 58 条/平方米,最高生物量可达 174.80 g/m² (赵清良等,1993)。

2. 密度和生物量

在黄海韩国西海岸仁川附近潮间带的泥滩,1990 年 9 月~1991 年 11 月种群的平均密度为 129 条/平方米、平均生物量为 77.9 g(湿重)/m²,7 月密度最大为 230

条/平方米,5 月生物量最大为 134.8 g(湿重)/m², 1990 年 12 月的密度最小为 52 条/平方米、生物量最小为 34.7 g(湿重)/m²(图 2-3),依个体大小可分为 5 个年龄组,年生产量为 267.6 g(湿重)/m²,相当于 29.4 g(干重)/m² 或 25.4 g(去灰干重)/m²(Choi *et al*., 1997)。

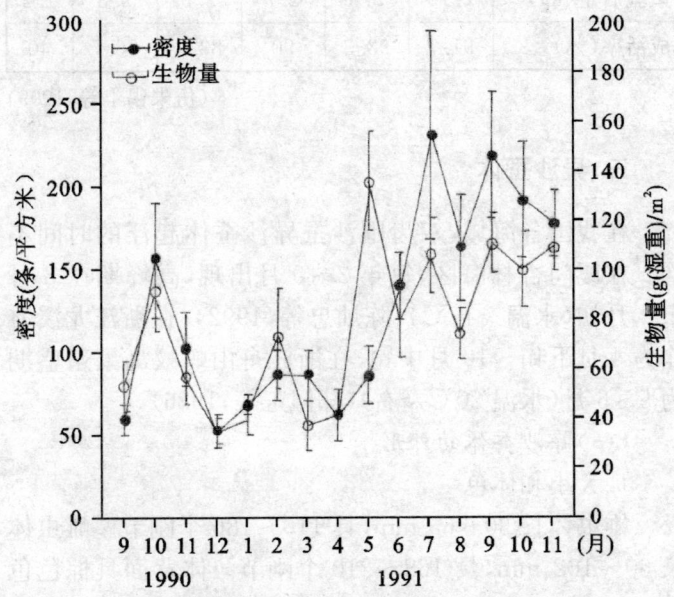

图 2-3 双齿围沙蚕的月密度和生物量(仿 Choi *et al*., 1997)

3. 对温度的要求

在水温 8℃～24℃时加工,其成活率均在 80%～90%,说明双齿围沙蚕对温度具很强的适应力,尤以 12℃时的减重最少且成活率最高。

4. 对盐度的要求

在盐度为 10～35 时加工暂养,其成活率在 61.7%～90%,盐度为 20～30 时的成活率均在 90%以上(朱锡丰等,1999)(表 2-1)。

表 2-1 水温对双齿围沙蚕体重和成活率的影响

水温(℃)	8	12	16	20	24	18
试验前重(kg)	3	3	3	3	3	3
试验后重(kg)	2.75	2.8	2.7	2.5	2.3	1.2
成活率(%)	91.7	93.3	90	83.3	76.7	40

(仿朱锡丰等,1999)

三、异沙蚕体

在我国各海域,双齿围沙蚕异沙蚕体起浮的时间不同。在厦门杏林海区,每年 2～5 月出现,高峰期在 3 月末 4 月初(水温>17℃)(陈灿忠等,1992);在浙江龙溪滩涂为 4 月下旬～10 月中旬,在浙江舟山蚂蚁岛繁殖盛期为 5～6 月(水温 20℃左右)(郑佩玉等,1986)。

(一)异沙蚕体的外形

1. 大小和体色

雄虫体长 30～65 mm,具 116～186 个刚节。雌虫体长 60～102 mm,具 168～210 个刚节。体背面具棕色色斑(福建标本尤明显)。

2. 头部(图 2-4A)

口前叶前部正中具一条竖的色带,两对红色大眼内具白色晶体。触手短指状,触角缩向腹面、从体背面仅见部分。

3. 躯干部

躯干部可分为前区、中区(变形区)、后区 3 区。

4. 雌、雄异沙蚕体的区别

雌、雄异沙蚕体的区别见表 2-3。

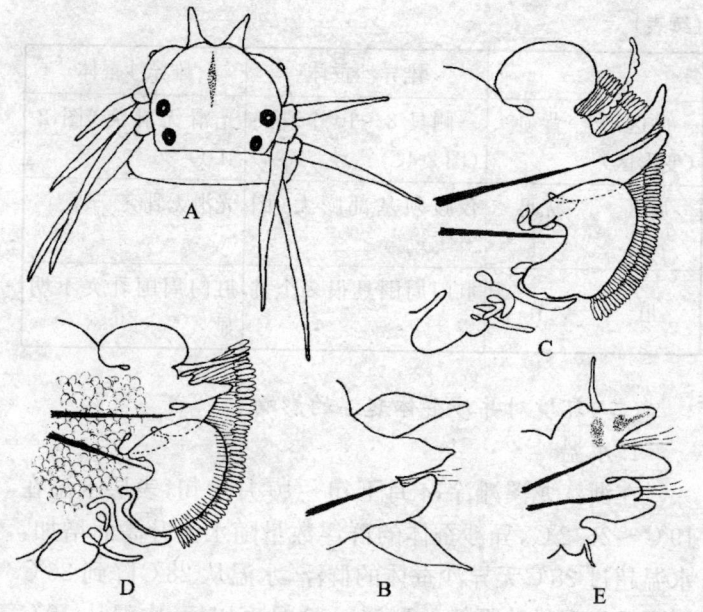

A. 体前部背面观；B. 第1对疣足；C. 雄性变形疣足；
D. 雌性变形疣足；E. 体后部疣足

图 2-4 双齿围沙蚕的异沙蚕体

表 2-3 双齿围沙蚕雌、雄异沙蚕体的区别

		雄异沙蚕体	雌异沙蚕体
体长	前区	长 11～13 mm、具 21 刚节	长 16～20 mm、具 23 刚节
	中区（变形区）	长 30～31 mm	长 35～40 mm
	后区（尾区）	长 10～22 mm、渐变细	长 30～42 mm、突然变细
前区	背须	前 7 对变粗（图 2-4B）	前 7 对变粗
	腹须	前 7 对变粗（图 2-4B）	前 5 对变粗

(续表)

	雄异沙蚕体	雌异沙蚕体
中区（变形区）背须	一侧具 8～10 个乳突（图 2-4C）	光滑无乳突（图 2-4D）
后区 疣足	仅腹须基部膨大（图 2-4E）	光滑无乳突
肛 节	肛门周围具很多个乳突	肛门周围乳突不明显

（二）环境对异沙蚕体起浮的影响

1. 水温

在浙江龙溪滩涂，4月下旬～10月中旬，表层水温在19℃～26.2℃，异沙蚕体的群浮数量随水温升高而增加，水温超过28℃无异沙蚕体的群浮，水温从28℃降到26℃以下又出现异沙蚕体的群浮。10月底以后，水温从19℃逐渐下降，直到来年均未出现异沙蚕体的群浮。

2. 月相

在群浮月份，每次群浮都在小潮过后的次日，持续8～9天，高峰期在大潮来临前2天，且每月2个高峰，属半月相型（图2-5A）。

3. 起浮时

表层水温为19℃～26.2℃的群浮期内，室内催熟者18时～次日10时起浮，高峰在4～6时（图2-5B），占日群浮总量的62.5%（蒋霞敏等，2002）。

四、个体发育

双齿围沙蚕为一生一次性生殖。在大连湾，1～3月卵原细胞增殖，3～4月卵母细胞的卵黄合成，4～6月卵母细胞生长,卵细胞同步成熟于6月底7月初产卵。观察表明,低温和延长日照时间(12~3月)促进卵母细胞增殖,高温和长日照(4~6月)促进卵母细胞生长(周一兵等,1995)。怀卵量一般在2万~5万粒。

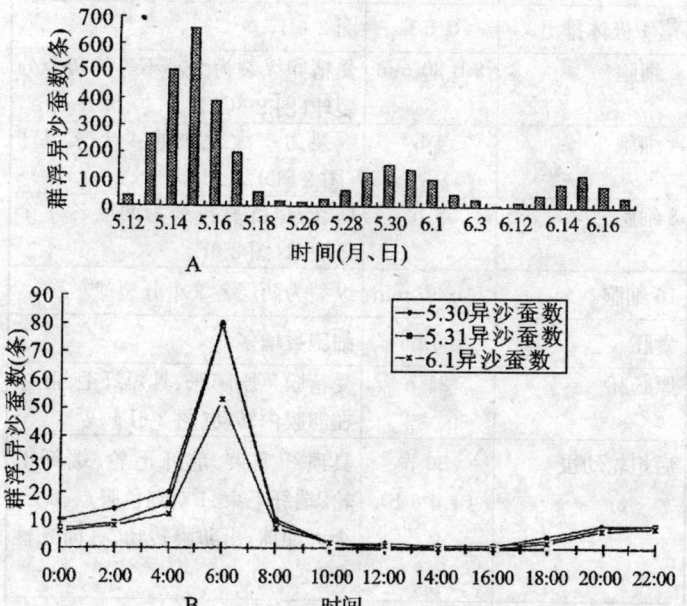

A. 与月相(潮汐)的关系;B. 与昼夜变化的关系
图2-5 双齿围沙蚕异沙蚕体的群浮(仿蒋霞敏等,2002)

1989年4月20日~1990年9月,记录了双齿围沙蚕的个体发育(表2-4,图2-6)。

标本采自乳山,在实验室内催熟,同年8月18日异沙蚕个体起浮,经自然受精(水温28℃~23.5℃)观察和记录个体发育过程,1990年8月16日子代异沙蚕个体出现。

表 2-4 双齿围沙蚕的个体发育

发育过程	时间(受精后)	特征
刚产出的卵	0	卵表面不规则,具 120 多个小油球且均匀分布(图 2-6A)
第 1 极体排出	0.5 h	图 2-6B
2 细胞	2 h 30 min	受精卵纵裂为大小不等的两个分裂球(图 2-6C)
4 细胞	4 h	纵裂为 1 大 3 小的 4 个分裂球(图 2-6D)
8 细胞	5 h	横裂、呈螺旋排列为两层各 4 个分裂球(图 2-6E)
16 细胞	5 h 30 min	纵裂为两层各 8 个分裂球
囊胚	6 h	细胞数增多
原肠胚	21 h	受精膜急剧膨胀、具短纤毛、胚体在卵膜内转动(图 2-6F)
后担轮幼虫	30 h (1 d 6 h)	具顶纤毛束、前纤毛轮、端纤毛轮、端纤毛束、1 对红色眼点、2～5 个大油球、出卵膜转动、具向光性(图 2-6G)
3 刚节游毛幼虫	46 h (1 d 22 h)	具 1 对红色眼点、两块红色色斑、1 对触手芽、口前纤毛轮、两个刚节纤毛轮、1 对乳突状肛须、4～6 个大油球淡绿色、未出现肛门(图 2-6H)
	70 h (2 d 22 h)	触手、肛须加长、4～6 个大油球蓝绿色、仍未出现肛门
	94 h (3 d 22 h)	两对红色眼点、1 个大油球、4 个刚节纤毛轮、咽囊、大颚具 1 齿、出现肛门、摄食扁藻和金藻、触手、触须、肛须加长、游动加快

(续表)

发育过程	时间（受精后）	特征
	5 d 21 h	大油球消失、大颚具两齿、消化道充满食物、口前纤毛轮缩小、第1刚节缩小、始现第4刚节（刚毛在体内）、游动或爬行
	6 d 22 h	第4刚节位置出现突起（刚毛仍在体内）、两块红色色斑缩小
4刚节游毛幼虫	7 d 20 h	纤毛轮完全消失、大小油球消耗殆尽、第4刚节刚毛伸出4~5根、爬行
	8 d 20 h	4~5刚节游毛幼虫
	11 d 20 h~12 d 20 h	5刚节游毛幼虫占50%、4刚节游毛幼虫占40%、3刚节游毛幼虫占10%
5刚节游毛幼虫	13 d 20 h	具5刚毛节、大颚具3齿
6刚节游毛幼虫	15 d 20 h	触角出现、第1口节腹触须始现于第1围口节背触须腹面、第1刚节刚毛脱落且疣足形成第2围口节背触须、咽可外翻、大颚具4齿、消化道分化
7刚节游毛幼虫	16 d 20 h	能吞噬颗粒饵料
9刚节游毛幼虫	17 d 20 h	图2-6I
10刚节刚节幼体	19 d 20 h	第2围口节腹触须始现于第2围口节背触须腹面、变态完成、底栖
16刚节刚节幼体	22 d 20 h	体长3 mm、体宽1 mm、大颚具5齿、背血管中见红色血液、体半透明可见脑神经节

(续表)

发育过程	时间（受精后）	特征
42刚节刚节幼体	37 d	最大个体体长17 mm、体宽1.3 mm
50刚节刚节幼体	40 d	最大个体体长22 mm、体宽1.5 mm
60刚节刚节幼体	58 d	最大个体体长40 mm、体宽2 mm（标本移往室内大水池、室温20℃）
	60 d	虫体外伸吞食混合饵料10～20次吞食后缩回，停10～30秒再外伸吞食8～15次后缩回、经数秒虫体在穴中翻转把尾部（约体后10节）伸出5～10分钟后排粪，沙粒粒径0.6～2 mm中的个体（72刚节，长52 mm）稍长于沙粒粒径<0.6 mm中的个体（68刚节、长50 mm）
75～100刚节个体	90～120 d	体长48～90 mm、体宽1.8～3 mm（室温11℃～20℃），水温7℃时不活动
	130 d	解剖可见体腔内具不成熟的卵
	210～230 d	体长120～150 mm
	270 d	体长150 mm、体宽10 mm
>100刚节个体	317 d	体长170 mm、体宽10 mm
子代异沙蚕	501 d	室温10℃～26℃、子代异沙蚕起浮（比较见表2-5）

表2-4表明：3刚节游毛幼虫变态的时间长达5天，

主要靠胚胎的油球生活、肛门从无到有、仅摄食单胞藻，高密度时不可不充气，但不可充气过大或过多地搅动。

4~9刚节游毛幼虫，是变态的前期，大小油球消耗殆尽，应及时投动植物的碎屑等饵料。

外观为10刚节（见总论）的刚节幼体为出苗期，即幼虫变态为幼体。可视具体情况，择机出苗。

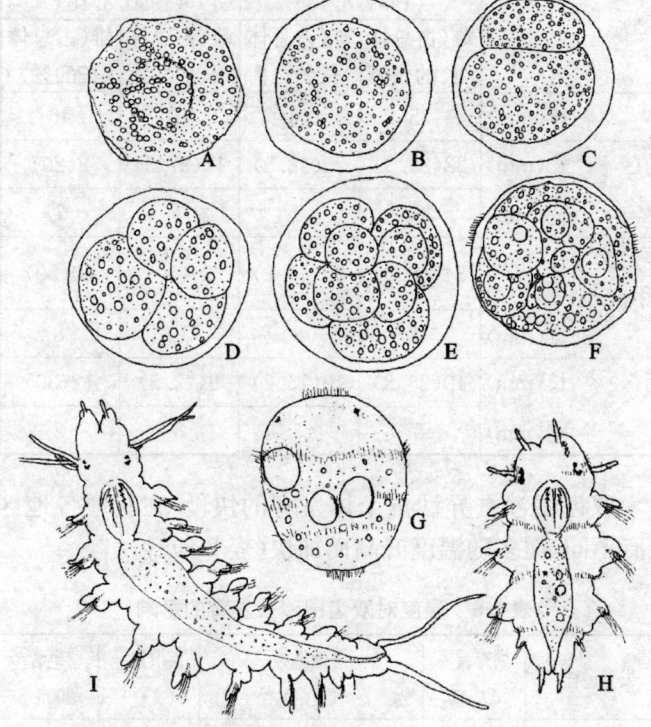

A.刚产出的卵；B.第1极体排出；C.2细胞；D.4细胞；
E.8细胞；F.原肠胚；G.后担轮幼虫；H.3刚节的游毛幼虫；
I.9刚节的游毛幼虫

图2-6 双齿围沙蚕的发育

室内养殖的子代异沙蚕个体的各项指标均小于亲代,但变形区(中区)仍占总体长的45%~50%,未影响其完成生殖任务,只说明我们室内养殖的条件远差于野外(表2-5)。

表2-5 双齿围沙蚕亲体异沙蚕个体与子代异沙蚕个体的比较

		亲代异沙蚕体 (1989.8.18)		子代异沙蚕体 (1990.8.16)	
		雌(占总体 长的%)	雄(占总体 长的%)	雌(占总体 长的%)	雄(占总体 长的%)
体	长(mm)	75	65	40	40
前区	长(mm)	22(29.3)	25(38.5)	11(27.5)	8(20)
	宽(mm)	8	5	7	7
变形区 (中区)	长(mm)	34(45.3)	30(46.2)	20(50)	20(50)
	宽(mm)	12	8	10	8
后区	长(mm)	19(25.3)	10(15.3)	9(22.5)	12(30)
	宽(mm)	5	3	3	2

双齿围沙蚕异沙蚕个体发育的快慢,在我国各地区虽有不同,但多随温度升高而加快(表2-6)。

表2-6 温度对双齿围沙蚕发育的影响

发育过程	洪秀云等 (大连)	陈灿忠等 (厦门)		侯洪建等 (文登)	笔者 2005.8
	27℃	15℃~18℃	20.5℃~23.5℃	<19℃	25℃~28℃
受精卵	0	0	0	0	0
受精膜举起		15 min	1 h 37 min		30 min
第1极体排出	10 min			2 h	2 h 30 min

(续表)

发育过程	洪秀云等（大连）	陈灿忠等（厦门）	侯洪建等（文登）	笔者 2005.8
2 细胞	2 h 25 min	4 h 05 min	2 h 50 min	3 h
4 细胞	3 h 30 min	4 h 31 min	3 h 30 min	
8 细胞	4 h 20 min	6 h 05 min	4 h 10 min	4 h 30 min
16 细胞		7 h 10 min		5 h
囊胚		13 h 25 min	9 h 47 min	8 h 50 min	6 h
原肠胚	5 h 35 min	19 h 15 min	16 h 24 min	15 h	20 h
担轮幼虫	26 h 20 min	38 h 15 min	33 h 32 min	34 h	30 h
后期担轮幼虫		90 h 55 min	49 h 41 min	51 h	
3 刚节游毛幼虫	29 h 40 min				46 h～
4 刚节游毛幼虫	5 d				4 d

实际按图校对：

发育过程	洪秀云等（大连）	陈灿忠等（厦门）	侯洪建等（文登）	笔者 2005.8
2 细胞	2 h 25 min	4 h 05 min	2 h 50 min	3 h
4 细胞	3 h 30 min	4 h 31 min	3 h 30 min	
8 细胞	4 h 20 min	6 h 05 min	4 h 10 min	4 h 30 min
16 细胞		7 h 10 min		5 h
囊胚		13 h 25 min	9 h 47 min	8 h 50 min
原肠胚	5 h 35 min	19 h 15 min	16 h 24 min	15 h
担轮幼虫	26 h 20 min	38 h 15 min	33 h 32 min	34 h
后期担轮幼虫		90 h 55 min	49 h 41 min	51 h
3 刚节游毛幼虫	29 h 40 min			46 h～
4 刚节游毛幼虫	5 d			4 d

（二）环境对孵化的影响

环境因素常影响沙蚕的胚胎孵化。

在江苏启东大米草滩涂，24℃～27℃、盐度为 26 时，幼虫孵化的最适 pH 值为 7～7.5（接近于自然海区的 pH 值为 7.5～8）（表 2-7）。

表 2-7 pH 对双齿围沙蚕胚胎孵化率的影响

（24℃～27℃，盐度 26）

pH	5	5.5	6	6.5	7	7.5	8	8.5	9	9.5	10
孵化率(%)	0	0	60	50	90	75	60	30	20	15	0

（据石小平等，1993）

在 24℃～27℃、pH 值为 7.5、盐度为 32～38 时幼虫的成活率达 80% 以上，但盐度为 20～29 时，幼虫生长得最快,这说明偏高盐度有利于存活、偏低盐度有利于生长(表2-8)。

表2-8 盐度对双齿围沙蚕孵化的的影响(24℃~27℃,pH7.5)

盐度	14	16	18	20	23	26	29	32	35	38	40
孵化率(%)	0	14	52	60	73	88	79	57	60	33	0

(据石小平等,1993)

卵的密度在100粒/毫升时的孵化率最高。幼虫密度越大、死亡率越高(表2-9)。

表2-9 幼虫密度对双齿围沙蚕成活率的影响
(24℃~27℃,pH7.5)

密度(条/平方米)	2	5	10	20	40	80	150	250	300	350	400	450	500
成活率(%)	6	6	70	86	85	70	45	40	41	39	35	30	
平均体长(mm)	1.28	1.26	1.19	1.12	1.16	1.05	0.98	0.91	0.77	0.63	0.53	0.41	0.18

(据石小平等,1993)

底质亦对存活和生长有影响,以泥质沙最佳(石小平等,1993)。

另外,游毛幼虫对海水的适宜比重为1.010~1.025(最佳比重为自然海水的1.0185),幼虫和幼体期的饵料以亚心形扁藻 *Platymonas subcordiformis*、小球藻 *Chlorella* spp.、湛江叉鞭藻 *Dicrateria zhangjiangensis* 最佳(陈灿忠等,1992)。

pH值小于5或大于10时,受精卵全部死亡。

在盐度为14~38时虽能孵化,但盐度为23~29时孵化率最高。

第二节　沙蚕养殖的滩涂土池

土池，不仅可用于养殖双齿围沙蚕，而且可"粗"养在滩涂生活的其他种沙蚕或其他多毛动物。

一、土池的建造

1. 选址

潮间带泥沙滩（滩涂）中上区，地势平坦、每汛可自然纳潮 2～4 次。弃用的虾池或鱼塘亦可修整使用。

2. 土质

注意土池的土质，纯沙土质既不保水也不保肥还会漏苗，不宜选用；黏土底质，虽不渗漏，也易保肥，但易沉积腐殖质，形成淤泥，引起底质败坏；最好是沙质壤土，既利于保水蓄肥，也便于沙蚕栖身和采捕。

3. 面积

理论上面积越大越好，在有的地区一个养殖塘的面积可达 100 亩。为便于管理和采收，一口土池的面积在 3～5 亩，一般不超过 30 亩，并以东西向长条为宜。

4. 堤高和堤宽

堤高和堤宽视土池面积、滩涂高程、风浪大小、粗或精养等情况而定。有的地区在养殖区下部筑一条高 10～20 cm 的长堤，达到防苗流失和防敌害入侵即可；或建简易的低坝塘或用废弃的虾池；有的地区则建堤高 150～200 cm（蓄水深度 50～100 cm）的池塘，为保险和行车方便堤顶宽不小于 2～3 m，还应夯实以防坍塌。

5. 水深

蓄水深度 1 m 以内已足够用,通常控制在 20～50 cm,且随季节而变化。在水温适宜的春秋季水位可放低,以利底栖硅藻的繁殖。夏季水温过高,为防沙蚕过早成熟,应适当加高水位。北方冬季结冰,或提高水位或暂移种虫入室避寒。

6. 堤闸

需建堤闸时,堤闸不一定要大,要坚实牢固,闸门不能漏水,且要能安装尼龙筛绢滤网,以防纳潮时敌害动物随水而入,或防排水时沙蚕苗随水而去并防有害生物逆流入池。尼龙筛绢滤网不得低于 80 目。

7. 其他要求

池中不一定要求有沟;为了便于泄水和晾滩,滩面要有一定的坡度(向闸门斜率不得小于 2‰);土池建好后,要耙松、耙平滩面。

二、土池的管理

(一)土池的清整

如前所述,"土池"要考虑的是土质,要便于管理和采收,要蓄水,又便于泄水、晾滩,要有相当坡比,堤闸要坚实牢固、闸门不能漏水、要能安装尼龙筛绢以防敌害等。

1. 翻耕整平

机耕或耙挖翻耕,深度为 30 cm,翻耕后要把滩面耙松、耙平。一般于前一年封冻前完成。

2. 清塘除害

清塘除害是放养前的一项重要工作,标准应高于养殖鱼虾的池塘。因沙蚕属饵料生物,是多种食肉动物可口的食饵,所以一定要做到除害务尽,而且凡存塘的双齿围沙蚕或其他食肉物种(包括其卵、幼虫、幼体)均不许保留。

清塘药物,宜用对沙蚕比较敏感的巴豆或漂白粉(巴豆 10～20 千克/亩,漂白粉 0.5～1.0 千克/亩,且依水深酌情增减),也可选用剧毒农药敌百虫、鱼藤精、强氯精等,施用浓度皆应大于一般清塘剂量,甚至在 10×10^{-6}(10 ppm)以上。药物杀伤力要强,撒布要匀且不要留死角。

用药过后,还须认真复查。一查是否把池内沙蚕及其他食肉动物全都杀死(敌害动物的存留会酿成不可收拾的恶果)。二查有无残留药物(密切观察药物何时失效,留足使药效失效的时间,不然也会杀死自己投入的种或苗)。

(二)土池的水

水也是双齿围沙蚕养殖管理的主要环节之一。

水是水产的依托,无水何以谈产。沙蚕健康养殖的水质,应符合国家下达的渔业水质标准 GB11607—1989。

1. 海水盐度

沙蚕对海水盐度的适应虽较强,却也有一定限度。比较理想的海水盐度为 30 左右,在盐度变动于 15～40 也还都能适应,但盐度的变化不能陡升陡降,要有一个转换过程。同时,在进水时闸门要加上不得低于 80 目的尼龙筛绢滤网滤水入池,排水时同样要加尼龙筛绢滤网拦阻有害动物逆流入池。

2. 水量调节

在水量的调节上,前期宜浅,灌水水深 20～30 cm 即可,以便受光促肥。在中后期,则可适当加深,有排灌条件的可结合"晒滩",在大汛期间排光,增氧并促进底栖藻类增殖,亦可改善沙蚕的栖居环境。

(三)土池的肥和饵

无水不能养沙蚕,而无肥和缺饵,沙蚕也养不好。

1. 饵料

沙蚕前期（3～5刚节游毛幼虫）的饵料，靠的是单细胞藻类，只有肥水才能保证单细胞藻类繁殖以供沙蚕的营养需要。

沙蚕转为底栖（5刚节游毛幼虫）后，靠底表生物和动植物的碎屑为生，水质肥沃、水中浮游生物丰富，才能把幼虫或幼体培育好。施放化肥硝酸铵、硫酸铵等可速效，施用有机肥（厩肥或人粪肥）可维持长效，均可使清水转成黄绿或棕褐色。施肥量，基肥用有机肥可控制在300～500千克/亩，用化肥追肥可掌握在每次2～5千克/亩范围内。视水质肥瘦，灵活处理，并通过水深调控，维持透明度不大于50 cm即可。

2. 肥水方法

如前所述，施放化肥和厩肥都可，但要分清是基肥还是追肥。基肥要一次施足，追肥要少量勤施。随着沙蚕增长，食性转变，摄食量增大，单靠肥水已不能满足其营养之需，特别在密度较高的情况下，必须追加一些人工饲料，其中尤以蛋白质含量较高的动物性饲料为佳。

在大面积土池的养成中，用成品鱼粉或鳗饵成本较高，目前多用张网渔获物中的低值鱼虾等鲜品，直接打浆或晒干粉碎后兑水稀释均匀，泼洒池中，以少泼勤喂为宜，如若投喂过多，沉积池底，极易引起底质败坏，甚至会使沙蚕窒息而死，投喂量以池底不见残饵为宜。如投喂饼粕等，应先粉碎，后兑水匀撒，量可适当增加，但不能像工厂化水泥池那样直接撒布干粉，在野外会因风吹而散失，或撒布不匀造成浪费。

三、土池的其他功用

在双齿围沙蚕的养殖中，滩涂土池可一池多用，既可用于育种和催熟(采来或购来的未起浮沙蚕),又可育苗,还可养成。

可在不同池中进行,也可在同一池中或一角或一处完成。因执行不同任务,故有育种土池、育苗土池、养成土池之分,彼此之间有联系,也有不同的要求(见下节)。

第三节 双齿围沙蚕土池养殖法

养殖技术路线见图2-7。

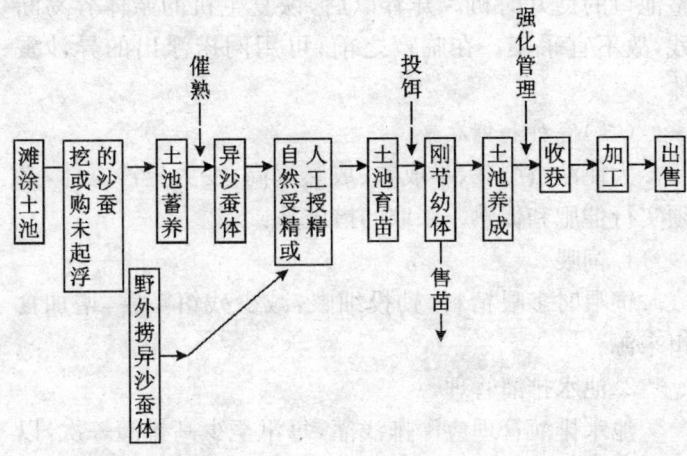

图2-7 双齿围沙蚕的养殖技术路线图

一、选种

(一)采种和投种

1.种的规格

从海滩挖取或从市场购买来的双齿围沙蚕,应完整无伤残、体表光滑闪光、色肉红或青绿、钻穴快而有力、尚未变形的个体,每千克湿重在200～400条。

2.投种量

投种量多为10～20千克/亩。依其自身繁殖能力,只要注意适当留种,此后就会逐年翻番扩大养殖面积,而无须再愁种源。不过为了避免种质退化,适当补充野生亲本以复壮,是完全必要的。

3.投种季节

一次性投种养成的投种季节,最好是在头一年秋末进行,因为此时可择优挑选且利于亲体休养生息,也是修整池口的良好时机。开春以后,恢复生机的亲体容易断残,故不宜采集。在临产之前,可用网捞浮出的异沙蚕体。

(二)育种和催熟

为使沙蚕肥壮、早成熟、成熟率高,变为异沙蚕体,必须实行催肥和促熟。采取的措施是:

1.饲喂

饲喂时多喂精料,勤投细喂,减少残饵贻害,增加食饵来源。

2.池水排灌管理

池水排灌管理应深排浅灌,每汛至少高排灌一次,以实现控温、洁池、催肥、促熟的目的。

另外,由于育种土池的面积多不太大,而所培育的亲体又多经筛选,为更快发育、更早成熟、提前产卵,可采用塑料薄膜覆盖提温技术。

二、育苗

在性成熟期,采集异沙蚕个体,或待其自然产卵受精,或用挤压、解剖、吸取、异体体液诱导、阴干、升降温、氨海水浸泡等方法进行人工授精。

双齿围沙蚕的育苗过程为:受精卵→卵裂→囊胚和原肠胚→担轮幼虫→后担轮幼虫→游毛幼虫(疣足幼虫)→刚节幼体→出苗。

(一)苗源

1. 土池投种育苗

挖或购未起浮的双齿围沙蚕→土池育种→异沙蚕体→土池内自然受精或人工授精→苗。

2. 异沙蚕体育苗

从野外捞异沙蚕体→土池或水泥池内自然受精或人工授精→苗。从野外捞异沙蚕体,常受野外作业条件的影响,应提前观察场地,把握时机,备好工具,分清雌雄分别存放。

3. 购苗

从苗场购苗。

(二)育苗法

双齿围沙蚕的投种育苗和野外捞异沙蚕体育苗均是我国"土池"培育幼苗的创举。除注意育苗土池的清整(见"土池的清整")外,亦应因地制宜用不同方法。

1. 筛绢网箱法

用250目的尼龙筛绢制成网箱,直接安置在养成土池中,放入成熟的异沙蚕体(雌雄比可控制在3:1),待卵受精结束后,缓缓提网捞出行将死亡的异沙蚕体和除去过多的精液,再将网箱内的受精卵倒入池中,让其在池中孵化。

2. 窗纱大网箱法

用窗纱网做成较大的网箱,同样倒入较多的异沙蚕体,让其自行产卵受精,其受精卵就自行散落池中,自行孵化,发育成长。

3.直接投入亲体法

直接放入土池中大量异沙蚕体,不用网箱,让其在土池中自由交配、产卵、孵化,此法更简便易行。

(三)投饵

沙蚕前期(3~5刚节游毛幼虫)的饵料,是单细胞藻类(新月菱形藻、球等鞭金藻、扁藻等),转为底栖(10刚节幼体)后,靠底表生物(底栖硅藻)和动植物的碎屑生活。投饵量视水色和沙蚕的个体数量而定。一般来说,每日投喂1~2次。

(四)苗的规格和出池

理论上,如本章表2-4说明,变态完成的10刚节幼体,即可作为苗出售,体长通常在2 mm左右。在浙江临海,用80目蛭袋刮苗,洗去泥后即为沙蚕苗,健壮的苗大小均匀、能迅速爬动、淡红色(丁理法,2005)。

(五)苗的计数

上述三种育苗法,趋于粗放,且多属面广量大,故育苗计数比较困难。除筛绢网箱法和"水泥池"法育苗依单位湿重计数外,有时排干池水、待幼苗下潜时,统计一定面积样方的洞孔数,以估算苗量。

育苗厂则取一定量的幼苗,滤水去杂质,称量计数。随后,取0.5~1 g分装于泡沫塑料盒中,数盒一叠用包装箱包装(内置冰袋)。或用冷藏车(10℃~15℃)送货。

三、养成

本章上节对土池的清整、管理、水、肥和饵等,均有严格的规定,在此不再赘述。

对需播苗放养的土池,在投苗前约一周,应完成对土池的晒滩并施以晒干后碾碎的畜粪(猪或牛粪)等,并做好投苗放养前的准备工作。

养殖场地宜选在有沙蚕自然分布、避风、无公害、平坦、进排水和管理方便、泥沙底的潮间带。经翻耕、松土、筑坝、清塘除害、蓄水、施肥等措施,按苗的规格适时投放,应注意长期无淡水注入等的影响。

1. 播苗放养

(1)播苗法:可分为蓄水播苗和干涂播苗两种方法。两种方法均需将苗与晒干后碾碎过筛的畜粪或有机肥料拌匀,拌匀时要轻,以免将苗伤害。蓄水播苗放养,或将苗用海水稀释后,遍地泼匀。干涂播苗则选在大潮后,有较长的露滩时间,且在涨潮前1小时停播。

(2)播苗密度和规格:视各地条件而异,播放10刚节幼体,播放密度为3 000~5 000 条/平方米,密度过大或饵料不足等,皆会导致沙蚕互相蚕食而减量。在有的地区,则播放刚节幼虫,当然苗越小播放量越大。

2. 管理

投苗放养后,应逐日巡池查视以防漏、防害,大潮时更应加大防范力度。适时投饵、换水和晒滩。

在幼体密度较大的情况下,为减少自残,促其速长,还应适当投喂粉碎了的动物性饲料,但应注意少投勤喂,宁缺勿过,避免残饵污染池底,酿成大祸。

为了改善底质和水质条件,可趁大潮汛期,半月左右2~3次,及时排水晒滩和更换池水,这样可以起到改善池底、增加基础饵料、促进幼体增长的良好作用。

通常,经8个月左右的养殖,即可达商品规格。

四、收获

土池采收(起捕)双齿围沙蚕,和工厂化水泥池内养成的采收有所不同。野外土池,完全受自然条件的制约。

1. 采收前

采收前要放干池水或选在退潮时,晾晒池底,滩面基本晾干可以走人,才方便采收。依池口大小,以1～2天内能普遍翻动一次为宜。池子过大,最好将其分隔成若干块,以利及时采收和避免遗漏。挖过的地方,应及时灌水,以使存塘的沙蚕得以休养生息。一般在一个月以后,才能再挖下一次。当然,也要视饵料供应和生长情况而定。

2. 采收规格

采收规格以每千克湿重在200～400条为宜,且应采大留小、多次轮采。

3. 采收时间

不在近繁殖期采收,由于此时沙蚕性腺比较饱满,不便装钩以垂钓,同时也为了保护物种的繁殖。在我国北方地区,遇到地表封冻,即使需要,也难采收。下雨天一般不采收,如采收时下雨,尽量不要让沙蚕沾上雨水,或在盛沙蚕的桶上蒙以塑料布以防雨淋。

上午和下午采收的沙蚕,最好分别存放,以利成活。晴天时防日晒,不要让已采到的沙蚕曝晒在直射的阳光下。同时,应避免将沙蚕较长时间地存放在直径小而深的桶中,否则桶底的沙蚕死亡较多。

4. 采收工具

依不同底质而定。沙泥池底,一般用宽约25 cm、耙齿长25 cm左右的四齿钉耙或三齿耙(钉耙)翻土挖取,采收方便、捕获率高、伤残少。在少数淤泥池底中,扒不起泥块,只好用铁锹,但采收费力、捕获率低、伤残多,有时索性用双手扒捞,虽然采捕率低,但却能减少伤残。目前,尚未见既不污染环境、又不影响沙蚕质量的驱捕法。

5. 挖法

目前仍以人工挖掘为主,虽有采用药物驱捕的,考虑到保护资源,或因药物影响沙蚕成活及钓鱼的钓获量,此举也不被沙蚕经销商和钓鱼者看好。

如用25 cm宽的四齿耙,可把池底按宽1～1.5 m分段进行,每人(每耙)一段,务求翻遍。还要捕大留小,要把断残的放回沙里随手填平后,再挖下一耙。千万不能满池乱挖或挖后不管,让伤残沙蚕干露出来,更易遭鸟害。

采后的高低土垡也要及时推平,以利下次采收。采收工作,一旦着手,就需抓紧进行,最好一天了结一个池口,当天挖出,当天出售。

还需特别注意,抽烟的挖沙蚕者,不可把烟头烟灰丢落在池里和盛沙蚕的容器里。

五、加工(蓄养、分级、包装与运输)

出售的商品围沙蚕,主要用作钓饵。几经周折,用户拿到手中的,一定还是活的,而且活力越强越好。所以无论是"工厂化"还是"土池"养出来的沙蚕,应按订单或计划采收,万一不能马上出手,必须进行认真蓄养,以延长其成活时间,实现可靠的经济收益。另外,在沙蚕蓄养的同时,还得关注商品的包装和运输,否则仍会功亏一篑。

(一)蓄养

蓄养是提高沙蚕质量,延长其成活时间的重要环节。

事实证明,只有认真做好蓄养,才有利于下一步的包装和运输。蓄养的操作要求是:

(1)蓄养应在控温10℃~15℃的冷藏室内进行。

(2)蓄养海水要新鲜且经过沉淀,盐度宜为30左右或参考客户的要求(蓄养海水与产地海水的盐度相差不宜超过5);蓄养海水水温应控制在10℃~15℃(冷藏室外气温在25℃以上时蓄养海水水温宜为15℃,室外在25℃以下时蓄养海水水温可维持在10℃),千万不能结冰,以防冻坏沙蚕。

(3)蓄养用塑料箱(或木箱)的规格为50 cm×30 cm×10 cm(或54 cm×35 cm×7 cm),每箱放入经过挑选的围沙蚕1 kg,灌入与采捕地盐度、温度基本相同的洁净海水4~6 L后,叠放在冷藏室里。

(4)每天应更换1~2次蓄养海水,每次用量为沙蚕重的4~6倍。

(5)蓄养时间最低限为一昼夜,蓄养期间为1~3天。应尽量减少蓄养的天数,否则沙蚕的正常死亡、存活沙蚕的减重、蓄养费用,都会造成经济损失。

总之,蓄养的第一天主要是清洗、除杂、分级和装箱,首次清理时要把沙蚕的代谢产物清洗干净,第二天在降温的条件下,进行再淘洗、分拣后即可装箱启运。

(二)分级

国家制定过沙蚕质量管理的标准。在中华人民共和国出入境检验检疫行业标准 SN/T1021—2001 中,将沙蚕分为:活力正常沙蚕、弱沙蚕、伤沙蚕、卵沙蚕(异沙蚕体)、水泡沙蚕(经低于原生长水域盐度的水浸泡的沙蚕)等5级。

检验时,要求检验场自然光线充足、湿度适宜、通风良好、清洁卫生无异味。用外观检验挑出伤沙蚕、卵沙蚕、水泡沙蚕后,在白磁盘中倒入适量的海水(盐度为30、水温为12℃～15℃)中挑出不能聚群成团而脱离群体的弱沙蚕。然后进行成活率计算,计算式为:

$$S=(W-G)/W \cdot 100$$

式中,S——成活率(%);

　　　W——样品净重(kg);

　　　G——弱沙蚕、伤沙蚕、卵沙蚕、水泡沙蚕的净重(kg)。

目前,简易而行之有效的分级手段和标准,随着沙蚕的开发尚待制定。浙江省制定的"无公害双齿围沙蚕的地方标准"供参考(表2-10)。

表2-10　双齿围沙蚕的分级

级别	条/千克	活力	体色	伤残率	杂质率(%)
1	≤200	活力强、爬行迅速	鲜艳	0	≤0.1
2	≥200～≤400	活力正常、爬行迅速	正常	0	0.1～≤1
等外	>400	活力一般、爬行缓慢	较差	<5%	1～≤5

(据浙江省地方标准DB33)

(三)包装

未包装的沙蚕,无法进行长途运输。没有加冰密封的包装,更无法延长沙蚕的鲜活度和安全运输。包装要求严格,也是不可忽视的重要一环。

1. 包装器材

蛭石、冰袋、秤、外套纸板箱(图2-8A)、封口胶带、标志、特制的泡沫塑料盒(具放蛭石和冰袋的槽格和能装1kg或2kg沙蚕的空间)(图2-8B)、海冰或化学冰等。

2. 包装程序

(1)预冷和消毒:包装器材仍需在低温10℃～15℃的

环境下预冷和操作,所有用具需在 20×10^{-6}(20 ppm)的高锰酸钾液中消毒并洗干净。

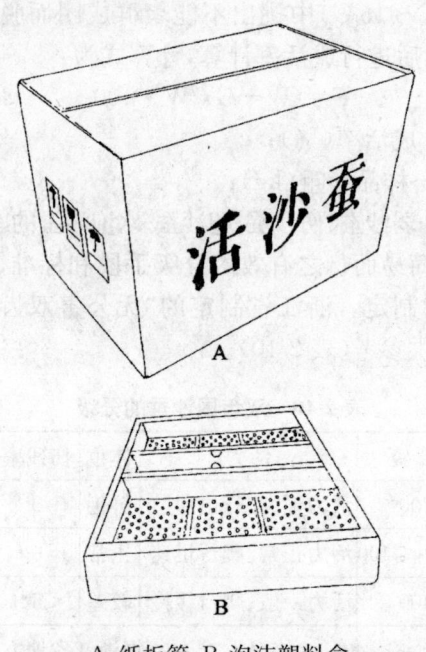

A. 纸板箱;B. 泡沫塑料盒

图 2-8 包装(仿赫勇照片绘)

(2)过秤分装:捞出蓄养的沙蚕(在完成蓄养分级的基础上),先把活力强的沙蚕在铺有纱布的塑料箩(或竹筛)中沥水 10 分钟左右后称量,以 1 kg(或 2 kg)为准(要多称 20% 或另放以防减量损耗)。

(3)铺蛭石和冰袋:在泡沫塑料盒的槽格中铺以蛭石和冰袋。

蛭石是一种层状、含镁铁铝的硅酸盐类矿物,具吸水保温、抑制霉菌生长的防霉作用,含有沙蚕代谢不可少的常量和微量元素,化学成分为$(Mg,Fe,Al)_3[(SiAl)_4O_{10}]$ $(OH)_2 \cdot 4H_2O$。

蛭石量的多少,依放沙蚕量而定,以不使沙蚕直接触及箱底为宜。随后在放冰槽格中放进由双层塑料袋包装、扎紧袋口的冰袋,冰为海冰(现用化学冰)(不可用淡水冰,万一冰袋破漏,淡水会渗入沙蚕,使其死亡),用海冰多少也依室外气温高低而定。

(4)包装量:装沙蚕 1 kg(或 2 kg)。

(5)封好泡沫塑料盒并装箱:为防止漏水和冷气外泄,所有夹缝都要严密封好。若为多个组装,则应层层叠紧,然后赶快用外套纸板箱和封口胶带等封箱。

(6)标志:商品名称、生产日期、产地、规格、编号,并应加注平放标志(以防倒置漏水和使沙蚕散乱)等。

注意,操作人员不得吸烟和带乳胶手套,以防有毒物质贻害沙蚕。

(四)运输

运输是商品沙蚕交到客户手中的最后一个环节,也是非常重要的一环。即便沙蚕养得好、包装得也好,如在运输中延误会使收益大打折扣,甚至损失惨重。注意如下几个问题:

各运输环节要通畅无阻。外运沙蚕,不只把沙蚕搬上车船或飞机一走了事,而先要经过商检、海关、检疫通关等环节。稍有闪失耽搁,就会延误起运,所以应尽可能把这些工作安排衔接好,不要形成空挡。

目前,商品沙蚕货运量尚不大,每个批量常数十乃至数百千克,国际贸易以飞机运输最为快捷,短途接送则以能自动制冷的冷藏汽车为宜。

运输中,包装纸箱绝不可横放或倒置;在任种情况下,都应尽量减少货物在露天堆放的时间且要保管在10℃～15℃的环境中;买卖双方应配合默契,能随到随销;买卖双方还需建立信誉,诚信是业务稳步增长的保证。

第三章 工厂化水泥池养殖——多齿围沙蚕
Perinereis nuntia (Savigny)

工厂化沙蚕的种-苗-养-获生产过程,全在同一厂的水泥池中完成,该养殖法投入大、产量高。

第一节 多齿围沙蚕的生物学

多齿围沙蚕的生物学的资料,为养殖提供了依据。

一、外形

1. 体色

活标本体色常随环境变化,口前叶和触角具浅咖啡色色斑,从体中部开始疣足背上舌叶具咖啡色色斑,有的标本体呈红色或红褐色,故俗称红蚕。

2. 大小

体长在 60～100 mm,体宽(含疣足)3 mm,具 120 个刚节,但多数人工养殖的个体为 90～120 个刚节。

3. 头部(图 3-1A)

口前叶近五边形,前缘无凹裂,两对眼呈倒梯形排列于口前叶中后部。触手短指状,触角基节粗大呈长圆柱状、端节钮扣状。围口节触须 4 对,最长者后伸可达第 6～7 刚节。

4. 吻(图 3-1A～B)

吻各区均具颚齿,除Ⅵ区具 4～8 个短棒状或夹有锥状颚齿(有时左右齿数不等)外,其他各区皆具圆锥状颚齿,其数目和排列如下:Ⅰ区两个纵列,Ⅱ区 4～6 个为 2～3 斜排,Ⅲ区 8～14 个为两排(在两侧还具 1 个颚齿),Ⅳ区 12～18 个成 2～3 个弯曲排,Ⅴ区 1～3 个(3 颚齿时常成三角形),Ⅶ、Ⅷ区具 2～3 排较大的圆锥状颚齿。大颚琥珀色,具 5～7 个侧齿。

5. 疣足

除前两对疣足单叶型外,余皆为双叶型。单叶型疣足(图 3-1C):背腹须指状,背、腹舌叶圆锥形、末端钝。体前部双叶型疣足(第 5 对)(图 3-1D):背腹须等长为指状、背、腹舌叶约等长、圆锥状、末端钝圆,腹刚后叶三角形、比背腹舌叶短,腹刚前叶末端渐尖细、较腹刚后叶短。第 15 对疣足(图 3-1E):背、腹须短于背腹舌叶、末端渐尖细,背舌叶长于腹舌叶,上背舌叶稍粗钝,腹刚叶同前。体中部疣足(约第 60 对疣足)(图 3-1F):背舌叶末端变细似锥状,腹刚叶加大增宽、为三角形,腹舌叶小末端钝圆,背须小短指状。体后部疣足(图 3-1G):似体中部疣足,惟背须比背舌叶长,上背舌叶末端渐细为三角形。

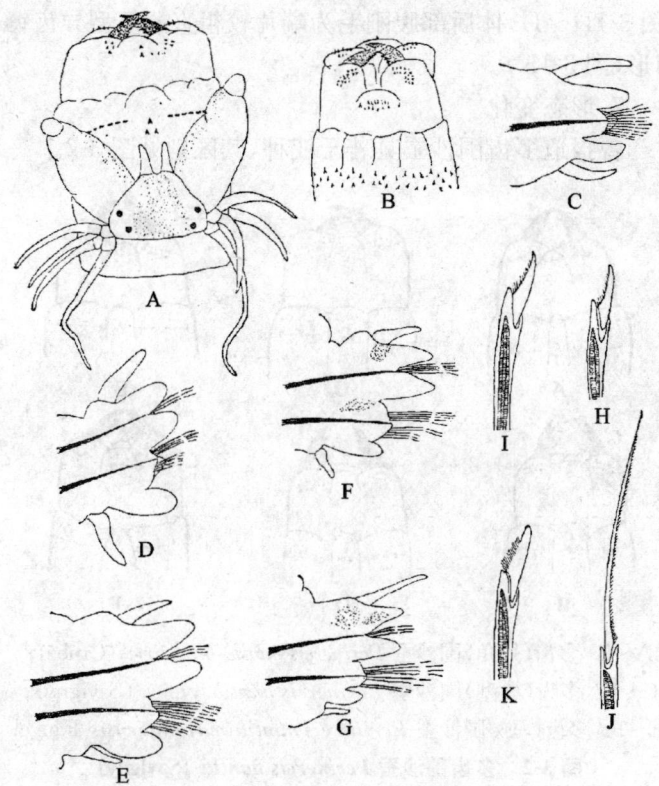

A. 体前端背面观(吻翻出);B. 吻腹面观(另一个体);
C. 第1对疣足前面观;D. 第5对疣足前面观;
E. 第15对疣足前面观;F. 体中部疣足;
G. 体后部疣足前面观;H~I. 复型异齿镰刀形刚毛;
J. 复型等齿刺状刚毛;K. 复型异齿镰刀形刚毛

图3-1 多齿围沙蚕的外形

6. 刚毛

背刚毛皆为复型等齿刺状(图3-1J)。体中部疣足腹足刺上下方的腹刚毛均为复型等齿刺状和异齿镰刀形

(图 3-1H～I),体后部腹刚毛为端片较粗直的复型异齿镰刀形(图 3-1K)。

7. 形态变化

曾报道多齿围沙蚕具若干亚种,其区别见图 3-2。

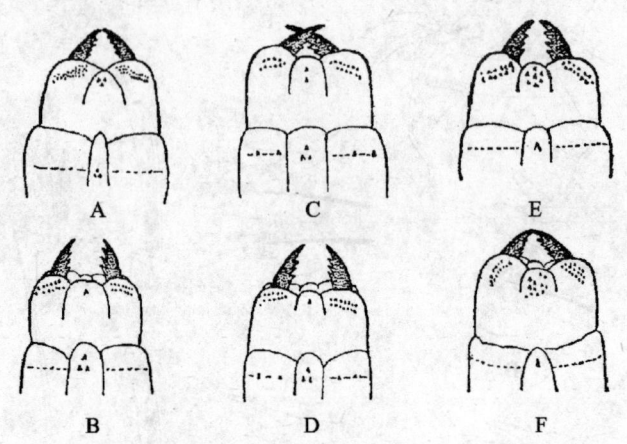

A～B. 多齿(短角)围沙蚕 *Perinereis nuntia brevicirris*(Grube);
C～D. 多齿(典型)围沙蚕 *Perinereis nuntia* typica (Savigny);
E～F. 多齿(马)围沙蚕 *Perinereis nuntia majungaensis* Fauvel

图 3-2 多齿围沙蚕 *Perinereis nuntia*(Savigny)三亚种的形态差异

在黄海、东海和南海岩岸潮间带上区东方小藤壶、偏顶蛤群落中采到的标本,符合多齿(短角)围沙蚕 *Perinereis nuntia brevicirris*(Grube)的性状(图 3-2A,B);在东海和南海岩岸潮间带中区石块下和石珊瑚淤泥间采到的标本,符合多齿(典型)围沙蚕 *Perinereis nuntia* typica (Savigny)的特征(图 3-2C,D);在海南岛软泥底潮间带采到的标本,符合多齿(马)围沙蚕 *Perinereis nuntia majungaensis* Fauvel(图 3-2E,F)的特征。

Wilson 等(1993)评述 *Perinereis nuntia* Group 时认为,涠洲围沙蚕 *Perinereis weizhouensis* Wu *et al.* 是多齿围沙蚕 *Perinereis nuntia* (Savigny)的同物异名,而 *Perinereis nuntia majungaensis* Fauvel 应该是个独立的种 *Perinereis majungaensis* Fauvel。

二、生境和分布

1. 分布

多齿围沙蚕为印度西太平洋热带、温带种。分布于我国黄海、渤海、东海、南海和韩国、日本、菲律宾、马来西亚、泰国、印度尼西亚、澳大利亚、斐济、红海、吉布提(亚丁湾)等地区的岩岸潮间带粗砂或珊瑚砂层中。

在我国辽宁大连(大连湾、马澜河)、旅顺,山东莱州(虎头崖)、蓬莱(刘家旺)、烟台(西沙旺)、龙须岛(螺子头)、乳山(和尚洞)、即墨(七口)、青岛(沙子口、石老人、麦岛、湛山、汇泉、鲁迅公园、栈桥、薛家岛、黄岛、沧口)、河北北戴河(鸽子窝)、浙江舟山(普陀)、乐清(清江渡)、宁海、汇阳、瑞安、瓯海,福建霞浦(三沙)、厦门(梅花养殖场)、广西涠洲岛(北港)、广东宝安、盐田、东山水产养殖场、蛇口、西墅,海南三亚(新村),台湾台北淡水河、石门、基隆、台南等地,均采到过标本。

同栖的动物有东方小藤壶 *Chthamalus challengeri* Hoek、偏顶蛤 *Modiolus modiolus* (Linnaeus)、短滨螺 *Littorina brevicula* Philippi、巧言虫 *Eulalia viridis* (Linnaeus)、复瓦哈鳞虫 *Harmothoë imbricata* (Linnaeus)和千岛模裂虫 *Typosyllis adamantens kurilensis* (Chlebovitsch)等。

2. 密度和生物量

在青岛鲁迅公园岩岸中区或上区深 10 cm 的粗砂中,大潮时露气 5～11 小时,月密度变化在 49～3 670 条/平方米、平均密度为 836 条/平方米(图 3-3),月生物量为 12.4～18 680.6 mg/m², 平均生物量为 6 632.0 mg/m², 繁殖期从 3 月延续到 8 月(水温 7℃～24℃),繁殖盛期在 5～7 月。1989 年 3 月～1990 年 2 月的年生产量为 35.59 g/m²、年周转率($P/\bar{B}$)为 1.62(吴宝铃等,1992)。

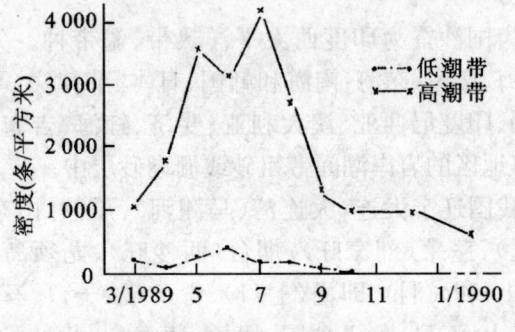

(据吴宝铃、丘建文,1992)

图 3-3 多齿围沙蚕在不同潮带密度的变化(月)

3. 食性

杂食性。摄食时体前部伸出洞外,吻外翻,大颚将食物挟持后迅速缩入穴内。在沙面存水 1 mm 时摄食旺盛,摄食时间为 15～20 分钟,随后都缩回洞中不再摄食。以日投饵两次为佳,3 次以上并未见更多个体的摄食,反而浪费饵料、污染底质。在温度低于 16℃时应逐渐减小投饵量,10℃以下时停止投饵。投喂粉末饵料时个体生长肥满,投喂单胞藻时个体不生长且瘦小。在良好的养殖条件下,幼虫经 8～10 个月即可达到商品规格。

4. 对环境的适应

多齿围沙蚕可适于温度为 0℃～32℃、盐度为 16.16～31.69、pH 值为 7～9 的生活环境。

在盐度为 32、pH 值为 8.4 条件下,温度为 16℃～32℃时,多齿围沙蚕在 72 小时后活动正常,35℃时 39 小时后死亡,38℃时 24 小时后即死亡。温度在 10℃时活动缓慢,在 0℃时只有血液流动,−2℃时在 48 小时后全死亡。

在 25℃、pH 值为 8.4 的条件下,活动正常的盐度范围为 21.11～31.69(表 3-1)。

表 3-1 盐度对多齿围沙蚕的影响(25℃、pH8.4)

盐度	活动情况	72 小时成活率(%)
0	身体吸水变粗,颜色发白,9 小时后全部死亡	0
3	身体吸水变粗,颜色发白,15 小时后仅血液流动,18 小时后死亡	0
5.72	身体吸水变粗长,颜色发白,活动缓慢	100
11.98	身体吸水变粗长,颜色发白,活动缓慢	100
16.16	身体略发白,活动正常	100
21.11	活动正常	100
31.69	活动正常	100
42.91	3 小时后虫体明显失水变细,体色变暗红,活动缓慢	100
47.57	24 小时后死亡	0

(据杜荣斌、郑家声)

在水温 19℃～20℃、盐度为 32 的条件下,pH 值为 7

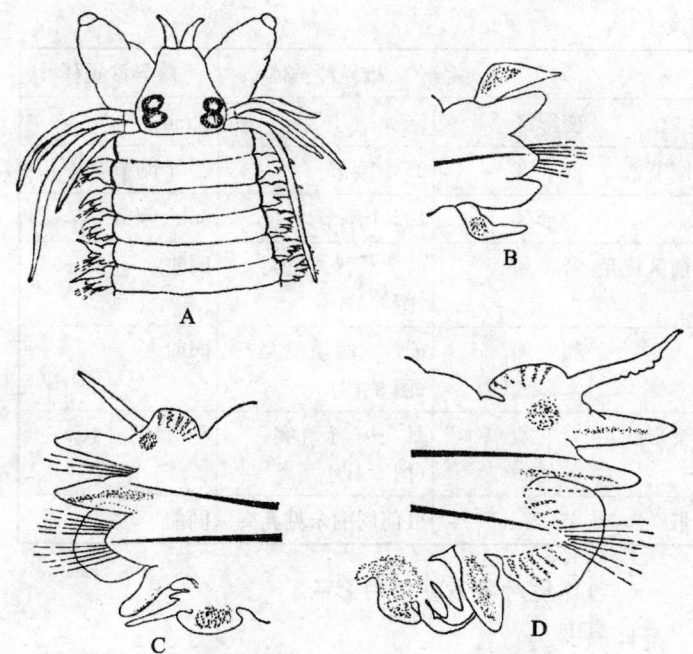

A. 体前端背面观(吻末翻出); B. 第2对疣足;
C. 雌性变形疣足; D. 雄性变形疣足

图 3-4 多齿围沙蚕的异沙蚕体

表 3-2 多齿围沙蚕雌、雄异沙蚕体的区别

		雄异沙蚕体	雌异沙蚕体
体色	前区背中部	红白色	灰绿色
	变形区背中部	红白色	红白色
	前区疣足		灰黑色
	变形区疣足		灰绿带暗红色
体长		55 mm	50 mm(体不完整)
体宽	前　区	3.5 mm	3.5 mm

(续表)

		雄异沙蚕体	雌异沙蚕体
	变形区	5 mm	5 mm
刚节数	前　区	25 个刚节	29 个刚节
	变形区	102 个刚节	63 个刚节
前区疣足	背　须	前 7 对背须粗大（图 3-4B）	同前
	腹　须	前 5 对腹须粗大（图 3-4B）	同前
变形疣足	背　须	具 5～6 个乳突（图 3-4D）	平滑（图 3-4C）
肛　　节		肛门周围未见乳突	同前

(二)环境对异沙蚕体的影响

1. 温度

春季的沙蚕，在自然界已经历了冬季的低温，直接升温即可诱导沙蚕群浮；而秋季蓄养的沙蚕，则必先经历降温和升温过程，方可诱导群浮，故在年收两茬的海南热带水域养殖，需经低温处理或从北方空运亲蚕(吴宝铃等，1992；朱明远等，1993)。实验支持上述结论，一直保持24℃～25℃，未经过冬天低温期的蓄养者，只出现 11 条异沙蚕体，占蓄养个体的 13.75%，而经冬天的低温期，则出现 54 条异沙蚕体，占蓄养个体的 67.5%。

2. 月相

在自然海区，异沙蚕体的出现及群浮与月相有关(杨宇等，1992)，但在人工养殖情况下，异沙蚕体的形成及其群浮没有出现半月相的规律，这可能是由于生产车间玻璃钢屋顶影响光照造成的。

3. 光照

实验结果表明,控温于 24℃~25℃,在日照时间逐渐缩短的情况下,未见异沙蚕体形成,但日照时间逐渐加长或人工延长光照 2~3 小时/日(照度为 200~300 lx)后,异沙蚕体出现的数量明显增多。光照时间的长短似对异沙蚕体的形成有一定影响。据报道,在日光条件下,多齿围沙蚕在日落之后 1 小时左右,即黄昏刚开始、天色进入夜晚时出现群浮,大约 3 小时后结束,如果在日落时潮水没有覆盖多齿围沙蚕的分布区,而过了这段时间,即使潮水覆盖了多齿围沙蚕的分布区,亦不见群浮(杨宇等,1992)。在人工养殖条件下,只要有微弱的光照,任何时间加水覆盖养成池,均可见到异沙蚕体群浮的现象。所以在人工控制条件下,只要经历了低温期,再缓慢升温,延长光照时间,可以有效地促进沙蚕成熟,且一天中任何时间均可加水促使群浮,以进行苗种生产操作。在自然条件下,多齿围沙蚕基本上在一年内成熟,但在人工养殖条件下部分可一年成熟,另一部分则要一年半至两年成熟,即翌年 6~9 月份成熟或第三年的 3~4 月份成熟。

四、个体发育

在生殖期,多齿围沙蚕的生殖腺由体腔上皮细胞特化而成,早期即进入体腔中。在形成异沙蚕体时,体长缩短为原来的 1/2,除头部和肛节外几乎每一体节内都有生殖细胞。

异沙蚕体从栖息地钻出起浮于水中,先直线游泳,雌、雄两性相遇后则相缠绕旋转运动,随之雌或雄个体剧烈摆动扭曲后部,排放灰绿色卵子或乳白色精子,精卵相遇后即受精。此过程几秒钟内即可完成,受精率可达

99%以上。

多齿围沙蚕属于一次性产卵类型。产出精或卵后的异沙蚕体静卧不动,很快死亡。

1. 精子

精子呈鞭毛虫型,梨形的头部长约 3 μm,尾部长约 39 μm。精子在水中运动活泼,随水温升高维持活力的时间逐渐缩短,20℃可维持活力 30 分钟,28℃仅能维持活力 10 分钟。

2. 卵

卵刚产出时为球形,卵径 200~240 μm,多黄卵,灰绿色,沉性,产出后 1 分钟即有黏性。

3. 产卵量

在自然条件下,成熟个体的产卵量为 2 万~3 万粒(郑金宝,2000)。在人工养殖条件下,个体小、产卵量亦少,平均为 13 000~18 000 粒。

(一)发育过程

个体发育过程和特征见表 3-3 和图版Ⅱ。

表 3-3 多齿围沙蚕的个体发育

发育过程	时间(受精后)		特 征
	谷进进等 26℃~26.5℃	龚启祥等 27℃~28℃	
未受精卵	0	0	油球均匀分布、卵径为 220~240 μm
受精膜举起	30 min	30 min	受精卵外具胶质膜
第一极体	52 min	2 h 30 min	
2 细胞	2 h	1 h 50 min	纵裂为 1 大 1 小的两个分裂球

(续表)

发育过程	时间(受精后) 谷进进等 26℃~26.5℃	时间(受精后) 龚启祥等 27℃~28℃	特 征
4 细胞		2 h 18 min	纵裂为1大3小的4个分裂球
8 细胞		2 h 50 min	横裂且螺旋为两层各4个分裂球
16 细胞	5 h	3 h 30 min	纵裂为两层各8个分裂球
囊胚	6 h	5 h	细胞数增多
原肠胚	8 h 10 min	6 h	具短纤毛、胚体在卵膜内转动
前担轮幼虫	35 h	35 h	具1对红色眼点、2~5个大油球、
后担轮幼虫	45 h	47 h,57 h 出膜	
3 刚节游毛幼虫	51~58 h	出膜后 52 h	出卵膜转动、具向光性游动
4 刚节游毛幼虫	出膜	出膜后 100 h	4刚节、消化道贯通
5 刚节游毛幼虫	出膜后 4 d	出膜后 124 h	5 刚节、触须两对
6 刚节游毛幼虫	出膜后 6 d	出膜后 148 h	6 刚节、触须3 对、纤毛消失
7 刚节游毛幼虫	出膜后 7 d	出膜后 8 d	7 刚节、触须3 对、吞噬颗粒饵料
8 刚节游毛幼虫	出膜后 10 d	出膜后 11 d	8 刚节、触须3 对
9 刚节游毛幼虫	出膜后 13 d	出膜后 12~13 d	9 刚节、触须3 对
10 刚节幼体	出膜后 15 d		10 刚节、触须4 对
子代异沙蚕体		346 d	

(二)环境因素对胚胎的影响

1. 水温

多齿围沙蚕在盐度为 32、pH 值为 8.4 条件下,最佳孵化水温为 18℃～25℃,孵化率高达 90%,22℃时孵化率可达 95%,28℃时胚胎发育至多细胞时部分死亡,水温在 25℃以下 65 小时可完成胚胎发育(出膜孵化)。

2. 盐度

水温在 24℃～25℃、pH 值为 8.4 的条件下,盐度对多齿围沙蚕胚胎发育有影响,盐度为 15 时胶质膜消失、胚胎不发育,盐度为 20 时胶质膜存在且有黏性、只发育到多细胞期,盐度为 25～32 时胶质膜存在且有黏性、细胞正常分裂发育,但盐度为 35 时、胶质膜存在且有黏性、只发育到多细胞期。

(三)环境因素对幼虫的影响

1. 温度

多齿围沙蚕幼虫在 20℃～32℃时可发育,温度低时成活率高、发育慢,28℃条件下发育较快且成活率较高(表3-4)。

2. 盐度

在盐度为 32 时,温度对多齿围沙蚕幼虫发育有影响:在 20℃时 90% 达 4 刚节的游毛幼虫,在 24℃时 72.5% 达 5 刚节的游毛幼虫,在 28℃时 82.5% 达 5-6 刚节的游毛幼虫(5、6 刚节幼虫各占 50%),在 32℃时 75% 达 5-6-7 刚节的游毛幼虫(6 刚节者占 80%,5 及 7 刚节者各占 10%)。

3. 饵料

多齿围沙蚕幼虫可以摄食微细的颗粒饵料,但饵料中以小球藻、扁藻较好。在温度为 22℃、盐度为 32 的条件下,饵料对多齿围沙蚕幼体发育的影响见表 3-5。

表 3-4 盐度对多齿围沙蚕幼虫的影响

盐度	成活率(%)	备 注
10	0	3 天后幼虫死亡
15	76	4-5 刚节的游毛幼虫,4 刚节者占 90%
20	75	4-5 刚节的游毛幼虫,5 刚节者占 70%
25	92.5	4-5 刚节的游毛幼虫,5 刚节者占 70%
30	92.5	4-5-6 刚节的游毛幼虫,5 刚节者占 65%、6 刚节者占 25%、4 刚节者占 10%
35	99	4-5-6 刚节的游毛幼虫,5 刚节者占 70%、6 刚节者占 20%、4 刚节者占 10%
42	80	4-5 刚节的游毛幼虫,4、5 刚节者各占 50%
52.1	0	

(据杜荣斌、郑家声)

表 3-5 饵料对多齿围沙蚕个体发育的影响
(温度 22℃、盐度为 32)

饵料类别	成活率(%)	备 注
蛋黄	55	6-7-8 刚节的游毛幼虫,7 刚节者占 60%、8 刚节者占 10%、6 刚节者占 30%
酵母	72.5	5-6 刚节的游毛幼虫,5 刚节者占 80%
小球藻	85	5-6 刚节的游毛幼虫,5、6 刚节者各占 50%
扁藻	80	5 刚节的游毛幼虫占 80%
金藻	67.5	5 刚节的游毛幼虫

(据杜荣斌、郑家声)

第二节　沙蚕养殖的水泥池及配套设施

水泥池可一池三用或多用,蓄养并催熟、育苗和养成,还可"精"养其他沙蚕或多毛动物。

一、厂址的选择

1. 环境

理想的内湾,坐北朝南,高出当地年最高高潮线 1 m 以上的潮上带。地势平坦可减少施工量,地势低洼易导致海水倒灌,离海岸过高和过远会增加抽海水动力消耗和浪费电力。场后有挡风的高地,可防大风侵袭和雨水灌入。

2. 水质

水质要符合海水养殖用水水质标准的规定。清澈、远离河流,无有毒物质,无工业、农药和生活污水注入。有充裕的淡水水源,而海水盐度为 30、pH 值中性、水温 10℃以上。

3. 能源和交通

电力供应的保障利于调控养殖环境,交通便利以利运输和外销。

二、蓄养室和催熟水泥池

蓄养和催熟水泥池要建在蓄养室内,以蓄养亲蚕、催熟成异沙蚕体。

(一)蓄养室

1. 要求

具备保温、防雨、可调光、通风的功能。屋顶用透光率在70%以上的玻璃钢瓦或塑料薄膜覆顶,塑料薄膜屋顶还要加草帘或毛毡固定,但要设透光带和排气孔。屋的四周墙壁,隔一定距离要加窗户。

2. 大小

依催熟水泥池的大小和组合而定。

3. 结构

可以是土木结构的,也可是钢架的,覆盖石棉瓦,中间夹上玻璃纤维板。

4. 地基

地基必须坚实且稍高,以利铺设水泥池或架设箱、槽,又因经常要注排水,故地面应光滑平整、排水通畅,不得高低不平、坍塌漏水。

5. 屋面结构

结合严紧,防止松动,防透风漏雨。四周墙体,需留左右推拉的窗口,以利开关、通气和采光。

(二)催熟水泥池

1. 大小和结构

长 5～10 m、宽 2 m、高 0.4 m、壁厚 0.05～0.1 m 的水泥池,预埋塑料排水管,并在池两头分设口径 8～10 cm 的进出水孔,池底应向排水孔方向倾斜,池内铺 5～30 cm 厚的沙(视不同沙蚕而定)(图 3-5A,图版Ⅰ)。

2. 布局

视地形和需要,可将多个水泥池(虫池)并列成两列或数列,列间应留有排水沟并流向总排水沟(图3-5B)。

还要根据培育池水体的大小,建造相应的预热池,并配备能够保持室温的散热器。

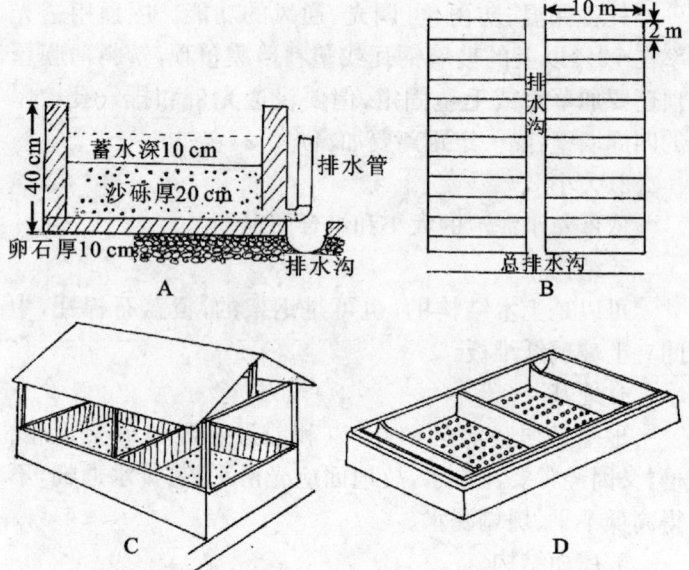

A. 水泥池(虫池); B. 水泥池的排列; C. 养殖室(虫舍);
D. 塑料盒(保丽龙盒)

图 3-5　水泥池及其排列(仿王浚从刘德增)

三、育苗室和育苗池、槽、箱

集约化、高产、高效的育苗室,在藻、虾、鱼、贝等人工育苗中已采用和普遍推广,并显见成效。

由于沙蚕亲体成熟的起浮时多时少且难同步形成批量,故要选用大小不一的育苗用具,以备宽打窄用。

(一)育苗室

育苗环境要稳定,育苗工作以在室内为佳。要保温、防雨,可调光(参见蓄养室)。

(二)育苗水泥池

1. 功能

把受精卵孵化后的游毛幼虫,培育成长 2 mm 左右的 10 刚节幼体的苗。

2. 大小

育苗池为宽 2~3 m、长 3~4 m、高 0.2 m 不等,壁厚 0.05~0.1 m 的水泥池(为作业方便,建池面积在 10 m² 以内较为适用)。

3. 设计要求

磨光内壁、裁圆四角,以防幼苗聚集和形成死角,池高 50~80 cm 已足够(如从综合利用着眼,可深一些),设排污口和排水口于池口最低处,以利排水和放苗,池底要高出地面、有 2‰~3‰ 向排水口倾斜的倾斜度,池内要铺沙。并视需要,可将多个这样的水泥池并列成两列或数列,列间应留有排水沟。

4. 布局

尽量横排或并列数至数十个。两列当中,留排水沟,池底不渗不漏,可用空心砖或红砖砌成。

5. 沙砾

沙蚕水泥池育苗,除考虑育苗海水外,还要考虑沙。育苗前期即浮游阶段不用加沙,而到刚节幼体期(幼体沉落底栖),就必须铺沙。池底铺入厚 20 cm、粒径为 2.3~5.6 mm 的细砾。沙的粒径,有用偏细者,也有用偏粗者,或细粗混用,细者可减少沙蚕幼体的流失率,而粗者则使虫体健壮。但都必须清净,不含杂质,必要时需经淘洗、晾晒后再用。用沙量应随沙蚕个体长大而逐步增加,使沙层的厚度大致与沙蚕的体长相近。沙的面积,应视沙蚕苗的数量多少而定。总之,如果在未潜沙前放养,可不加沙,优点是便于计数和运搬,但如过了浮游阶段,还不加沙,则影响其生长和成活率,故须及时加沙,使之正常

1974)。槽、箱应叠架使用,进、排水口交错,下有浅沟和走道既便于排水、也便利操作。亦可在上述高架式铺沙法的塑料板隔下通气,以防止沙层变黑。

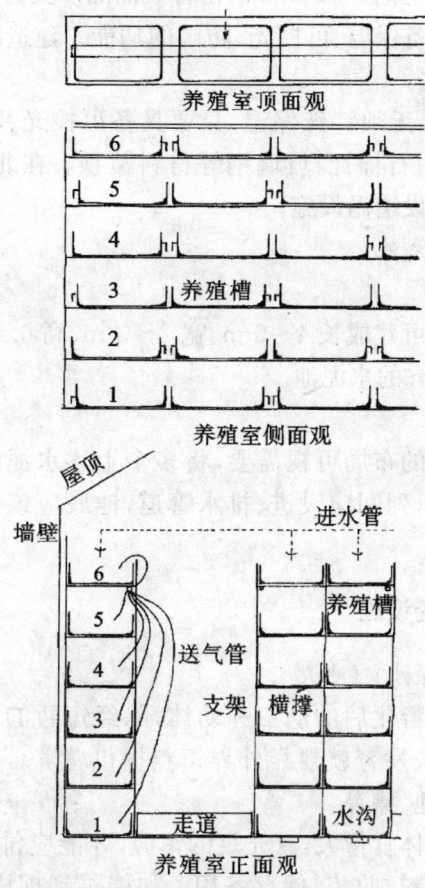

图 3-6 育苗室和育苗槽、箱的布局(据吉田俊一修改)

四、养成室和养成水泥池

(一)养成室

养成室是把 1～2 mm 的苗育成商品沙蚕的房间或车间。也要具备保温、可控光、防雨的功能。建造时可参照亲蚕蓄养室。

在南方,无须特殊保温,只要具备可控光、防雨的功能即可,可用石棉瓦、玻璃钢等材料覆顶。在北方地区,在室内则要设增温设施。

(二)养成池

1. 大小

养成池可建成长 4～6 m、宽 2～3 m、高 0.4 m、壁厚 0.05～0.1 m 的水泥池。

2. 布局

养成池的布局可视需要,将多个上述水泥池并列成两列或数列,列间应设进、排水管道,池底应该向排水孔方向倾斜。

五、配套设施

(一)饵料室(池)

沙蚕卵孵化后的幼虫和幼体,除经短暂的卵黄吸收阶段外,生长发育就要靠外界饵料提供营养。故需培养饵料的室、池、槽等。

沙蚕幼体食量大,有充足的饵源,才能应付裕如。可长期培养饵料,收集、储存备用。如能买到现成藻粉,不建或少建饵料室、池,自然省工、省时、省事得多。

单细胞藻类的培养过程,一般分 3 级进行。一级为藻种培养,是在室内锥形瓶或其他大型玻璃瓶中进行的高效培养;二级为中扩培养,室内可建面积 2 m² 左右、内贴白瓷砖的水泥池若干个,亦可用玻璃钢槽或塑料袋,水深最好不要超过 1 m,要求透光良好(屋面要用玻璃涂白或玻璃钢瓦,四壁窗户宽大以利采光),光照强度晴天应为 10 000～20 000 lx,同时要注意保温防雨;三级为生产性培养,规模要成倍扩大,室内、室外均可进行(但仍应以室内为主),具体操作仍按单细胞藻类培养方法进行,包括"三高"(高密度、高营养、高光照)培养等。

(二) 供水系统

供水系统包括蓄水池、沙滤沉淀池、高位水池、水泵、进水管道及阀门等。所有设施,尽可能利用水位差自动供水,以保持水流稳定。

1. 蓄水池

蓄水池应建在潮间带或潮上带,池的大小为全部养成水体的 20～30 倍,土池即可,水深 1.5 m 左右,应保证在雨季和气温变化大时,水质稳定,不受周围养殖场或育苗场排水的影响。另外,沙蚕育苗全系高密度,还需定时晾晒透气,用水量很大,蓄水池应在两个以上。除大量蓄水还起到初步沉淀作用,蓄水量至少应保持在日用水量的 10 倍以上,这样一来起码一个汛期(半个月)内不用担心缺水,并能保持水质稳定。

2. 沉淀池

供水通过闸门或水泵纳入,经过 1～2 天沉淀后,再送入沉淀池。沉淀池数量一般不能少于两个,连同蓄水池都可轮番使用。沉淀池的总容量也不应少于日用水量的 3～5 倍,以利及时换水、补水。沉淀池应为石砌或混凝土浇注结构,池水也需经 24 小时黑暗沉淀,方可泵入高位水池。

3. 高位水池

容量一般不应少于育苗用水的 1/3~1/4,也应分成若干个,以利沉淀、清洗和轮换使用。

4. 沙滤和消毒池

为获取大量无害清水,海水除需经 150~200 目筛绢过滤外,还需设置沙滤设施(沙滤池或沙滤缸等)和消毒设施。沙滤装置一般宜紧靠蓄水池而又低于蓄水池,而消毒池更要低于沙滤池或沙滤缸,但略高于育苗孵化池,使之自然形成自流供水系统。海水消毒池最好有两个,容量大小应依每天最大用水量而定,必须建在室内,方便控制。消毒方法,除用化学药物外,也可用紫外线消毒(参见第三节)。

5. 水泵

数量不得少于两台(一台备用)。固定输水管道和进水阀门宜用无毒聚氯乙烯硬材,可动支管宜用塑料软管。

(三)充气设施

工厂化育沙蚕苗,密度远远高出其他物种,必须有流动水充气的风机室。

充气设备主要为鼓风机,以压气入水,增加水中氧气含量。一般鼓风机,虽经改装,但因压力低、风量小、易染油,故多不选用。用罗茨鼓风机,取其风压高、气量大、不带油,为灵活调节送气量可选用不同风量者组成鼓风机组,分别或同时送气。用罗茨鼓风机时,必须注意其风压与池水深度的关系,一般水深 1.5 m 以上、风压应为 3 500~5 000 cmH_2O,1.5 m 以下水深、风压可为 3 000 cmH_2O。另外,为防噪音过大,可在其进出风口处装设消音装置,即在鼓风机后以钢管加上铸铁阀门,连接能承受 2.5 kg/m^2 压力的筒状储气罐,并可安上压力表和安全阀,罐体还应包上减震吸音材料。罐后的充气主管道,应用加厚而无毒的硬塑料管,支管应为塑料软管,末端装散气头或散气排管,散气头规格长 5~10 cm、直径 2~3 cm,15~20 个/平方米。散气排管是在管径 1.0~1.5 cm 的硬塑料管的两侧每隔 5~10 cm,交叉钻上孔径 0.5~0.8 mm 的小孔,管间距离为 0.5~0.8 m,全部小孔的总面积,应不大于鼓风机出气管截面积的 20%。罗茨鼓风炉虽能装上消音装置,但最好距工作现场远些,或安装在地下室里。

(四)增温供热设施

在冬季和春季育沙蚕苗时,要求一定的温度,故要配备加温锅炉,以保持各室、池的室温、水温能够在 20℃~25℃。

沙蚕的正常单茬育苗,多在适温季节,一般可不必考虑增温,但从育苗室综合利用和多茬育苗着眼,依各地培育品种、育苗季节、气候条件和能源状况,配备一套增温设施,亦属必要。

阶段升温,为节约能源,可用电热管(线)。如果需要"早繁",可考虑用锅炉增温(锅炉房),按每 1 000 m³ 水体,配备蒸发量为 1~2 t/h(251 万~502 万千焦)的锅炉一台,蒸汽沿铺设在池中的铁加热管进入,从而使池水增温,并通过阀门加以调控。

(五)供电设施

应有自己的变配电室,用水、充气时如果缺电,则影响生产的正常运转。在供电无绝对把握的情况下,必须自备发电机一台,以防不测。一般照明,可用瓷防水灯具。饵料室补充光源,可选用密封式荧光灯,以保证用电安全。

（六）水质分析及生物检测设施

随着科学发展、技术进步，多功能检测仪器，应视具体条件配备使用。常规用具，诸如比重计、水温计、水质测试盒、生物显微镜和解剖镜等，皆须自备。

（七）制冷包装间

多齿围沙蚕收获时多在 5~11 月份，气温和水温较高。为提高运输成活率和运输时间需要制冷降温后再运输，所以要有制冷包装间。制冷设备可用小型制冷机，包装间面积在 $10\sim20\ m^2$ 即可。

第三节　多齿围沙蚕水泥池养殖法

养殖技术路线见图 3-7。

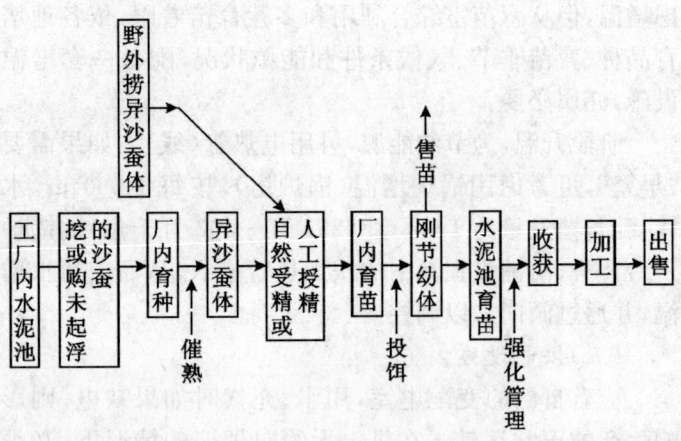

图 3-7　多齿围沙蚕的养殖技术路线

一、蓄养催熟或捞取异沙蚕体

(一)蓄养和催熟 亲蚕的选择及培育

1. 消毒

催熟用的水泥池的水和沙应先经消毒处理,可用 $1\,000 \times 10^{-6}$ 的福尔马林浸泡,然后淘洗干净。

2. 选种

选当年春季繁殖养至秋季的健壮、大小均匀、体长 8 cm、体重 0.7 g 以上的个体,做蓄养亲体用。

3. 铺沙量

室内水泥池铺沙厚 20 cm。

4. 投种量

每平方米池底面积可蓄养沙蚕 1.5 kg。

5. 换水和投饵

日换水两次,饵料以鱼粉等优质粉末为主。水温在 16℃以下时逐渐减少投饵量,水温降至 12℃以下时停止投饵,水温在 2℃~4℃时应及时将沙蚕移入室内培养。然后缓慢提升水温(约 1℃/d),两周后提至 15℃~16℃。在水温超过 12℃时,开始投喂以鱼粉为主的粉末饵料。水温恒定在 18℃~20℃,经两个月左右的控温培育,即开始出现异沙蚕体。大量出现异沙蚕体,是在控温培育 80 天以后。

(二)捞取异沙蚕体

在繁殖盛期,用网捞取起浮的异沙蚕体。此法省事省力,但受环境的影响,捕获量常不稳定且个体易受伤。异沙蚕体经沥水后储于潮湿蛭石中,低温下(10℃~15℃)运输(20 小时内成活率可达 99%)。

在无异性异沙蚕体接触的情况下,同性异沙蚕体在

~9时沙蚕的活动正常,pH值低于6时活力弱,pH值为4时剧烈扭动于17小时后全部死亡,pH值高于10时活力减弱、伏在杯底不动且身体上覆满白色沉淀物。

5.耐饥饿

在温度19℃~20℃时,栖于潮湿的砂砾中且不投饵,可存活28天,但随时间的延长,体重明显减轻,个体变细变短,2周后体重减为原体重的85%,4周后减为原体重的50%,5周后出现死亡个体。

6.耐干露

水温降到10℃以下时不摄食,水温维持在4℃~10℃,多齿围沙蚕可长时间不摄食,但体重并未减小。2℃~4℃时,离开砂后,基本不动。只要保持砂砾潮湿、控温在2℃~20℃,多齿沙围蚕至少可存活30天。上述特点,均说明多齿围沙蚕的耐受力,可适于较长时间运输和海上长时间的垂钓。

三、异沙蚕体

在非生殖季节,难以区分多齿围沙蚕的雌雄。性成熟至群浮时,从外形即可分清异沙蚕体的雌雄(图3-4、表3-2)。在青岛鲁迅公园,野外每年6月初~9月底群浮(海区表层水温17.5℃~24.5℃),高峰在7月中旬~8月中旬(水温20.7℃~23.5℃)(杨宇等,1992)。

(一)异沙蚕体的外形

1.躯干部

异沙蚕体的躯干部可分为2区。

2.雌雄异沙蚕体的区别

区别见表3-2。

常温下可存活1～3天,但在2℃～12℃时冷藏可活9天(郑金宝,2000)。依此法,可批量同步育苗。

二、育苗

人工育的苗,具苗种纯净、大小整齐、不含敌害等优点,可不受自然条件的束缚和限制,亦可按计划进行批量生产。

(一)准备工作

1. 育苗设施的检验

在沙蚕产卵前,对包括水、电、气供应以及育苗池、槽、箱等进行全面、严格检验,看有无故障,特别是对一些关键部件,更是不能疏忽。

(1)供水系统:检验有无滴漏外,要清除污物,要用药物(漂白粉或高锰酸钾等)消毒冲洗。

(2)充气系统:检查鼓风机运转是否正常、有无漏气漏油现象,要检查气管、气石是否布排合理、供气均匀。

2. 育苗池、槽、箱等的处理

浸泡、洗刷和消毒,不管用过还是未用过,育苗池、槽、箱在育苗前都需浸泡、洗刷和消毒,目的是浸出有毒物质,杀死有害生物。对新建水泥育苗池和新购塑料槽、箱,一定要提前(至少一个月)浸泡,不断换水浸洗,直至pH值稳定在8.5以内。浸泡时间宜长不宜短,特别是水泥池,如果实在需要急用,可在浸泡水中加入盐酸或醋酸,以达到中和碱性、缩短时间的目的,亦可采用喷涂涂料的办法,防止pH值升高和池水渗透,现多采用RT-176防水乳剂,喷涂后,隔日即可用。

3. 育苗用水的处理

良好的水质,是育好苗的关键。好水不但有利于卵的孵化,且使幼虫、幼体顺利发育。反之则不利于卵的孵化,也直接影响幼虫、幼体的生长发育,终使育苗完全失败。何况天然海水中,除含泥沙外还有一些敌害生物,皆可形成侵害,影响育苗。处理育苗用水的方法概括为:

(1)物理处理法:物理法之一是经 24 小时沉淀后的海水,用 150～200 目的尼龙筛绢网过滤后再用(此法优点是设备简单、投资少、能去除较大生物、保留可作为幼体饵料的单细胞藻类,但最大缺点是不能滤去病菌和有害的原生动物);物理法之二是沙滤法,即把沉淀后的海水,经沙滤器(市上有售)过滤处理,大规模生产可以用沙、石等材料,自制沙滤池(罐)(此法较网滤法滤水效果好,但也存在饵料生物大减的缺陷);物理法之三是紫外线消毒(紫外线装置,医药公司有售),可杀灭海水中的生物,目前国内厂家生产的紫外线杀菌消毒器,净化海水能力可达 20 m^3/h 以上,可满足一般育苗用水需要。

(2)化学处理法:海水中含有害生物较多,应采用过氯处理,通常是用漂白粉的浓度为 50×10^{-6}～100×10^{-6},10～12 小时后,再加入硫代硫酸钠,中和余氯;海水的盐度过低可添加食盐,过高则加兑淡水,调节比重即可解决;海水中重金属离子超标,则用乙二胺四乙酸钠(EDTA 钠盐),依 2×10^{-6}～10×10^{-6} 加入海水中,以螯合过多的重金属离子。

当然,那些臭水、脏水和从育苗池中放出的"回水",一概不能用。

4. 育苗用沙砾

见第二节育苗水泥池。

(二)苗

1. 自然受精和人工授精

由于人工培育（催熟）的亲体，缺乏自然环境的一些刺激条件，有时取来的雌、雄异沙蚕体不能迅速同步排放配子，故可采取人工授精的方法。

（1）剪断雄性异沙蚕体后部，排出精子（液）后，可迅速诱导雌性异沙蚕体排卵，能获得很好的受精卵，受精率可达95%以上。

（2）剪断雌性异沙蚕体的后部，亦可迅速诱导雄性异沙蚕体排精，但由于此时雌性异沙蚕体不游动或游动很慢，往往卵在水中分散不好而堆积，导致受精效果较差。

2. 从苗场（土池的或水泥池）购苗

卵裂→游毛幼虫→刚节幼体的育苗过程，可参见第二章。

三、养成

1. 播（投）苗法

分干涂播苗和蓄水播苗两种方法，均需将苗与晒干后碾碎过筛的畜粪或有机肥料拌匀，拌时要轻，以免将苗伤害。蓄水播苗放养，选在较长的露滩后。

2. 播苗密度

视各地条件而异，在2万~20万条/亩（30~300条/平方米）不等。

3. 饲养

倒入10刚节的幼体。幼体潜沙前饲以绿藻水。潜沙后，缓慢排水并饲以幼鳗粉状饲料3周至1个月。排水后的沙面可见孑孓样的小沙蚕时，改饲高蛋白之鱼粉、米糠和海藻粉末，亦拌入搅碎的鱼虾或动物内脏，饲料的用量依滩面残饵量加以调整。

四、收获

1. 采收

工厂化水泥土池内养成后的采收,虽不受自然条件的制约,但在近繁殖期,沙蚕性腺比较饱满,不便装钩垂钓,为了保护物种繁殖也多避开而不采;下雨天一般不收,如采时下雨,也不要让沙蚕沾上雨水;晴天时,不要让已采到的沙蚕曝晒在直射的阳光下。

2. 收获和运输

用高压水冲沙起虫。经降温(至 10℃ 左右)、塑料盒存放(塑料盒长 55 cm、宽 35 cm、高 6 cm、厚 0.6 cm,中央具可置放冰块的沟槽)、包装(5 个塑料盒为一组并加盖后,置于特制的纸箱内)、冷藏车运输等工序。

五、加工(蓄养、分级、包装与运输)

参照双齿围沙蚕的加工程序进行(见第二章第三节)。

第四章 开闸纳苗虾池养殖——日本刺沙蚕
Neanthes japonica (Izuka)

虾池适时开闸纳潮,既养了沙蚕、清污防病,又育肥了对虾,符合循环经济运行的要求。

第一节 日本刺沙蚕的生物学

日本刺沙蚕 *Neanthes japonica* (Izuka),现名日本菏沙蚕 *Hediste japonica* (Izuka)。

1908 年饭塚启发现该种并命名为 *Nereis japonica* Izuka,1964 年 Imajima 等鉴定为 *Neanthes diversicolar* (O. F. Müller),1972 年 Imajima 将其更名为 *Neanthes japonica* (Izuka)。如今 Sato 等(2003)订正为日本菏沙蚕 *Hediste japonica* (Izuka)并为 Bakken 和 Wilson(2005)所确认。

一、外形

1. 体色

活标本体背面淡红色或黄绿色,腹面黄绿色或粉红色,口前叶和体前部背面常具褐色斑。性成熟的雄体背面浅黄色、腹面乳白色,而雌体背面蓝绿色、腹面蓝白色。

2. 大小

大标本体长 190 mm,体宽(含疣足)10 mm,具 100 多个刚节,湿重 0.3～1 克/条。杭州附近采到的淡水和咸淡水个体,体长 253 mm、体宽(含疣足)16 mm、体节 164 个。

3. 头部(图 4-1A,B)

口前叶梨形,前缘完整。触手短于触角。两对近等大的眼呈倒梯形排列于口前叶中后部。触须 4 对,最长者后伸可达第 2～4 刚节(图 4-1A)。大颚褐色,具侧齿 5～7 个。

4. 吻

吻具圆锥形颚齿,颚齿在各区的数目和排列为:Ⅰ区 1～5 个纵列,Ⅱ区 10～12 个排成弯曲排,Ⅲ区 30～40 个为一椭圆形堆,Ⅳ区 12～15 个排成 2～3 弯曲排,Ⅴ区无,Ⅵ区一堆 4～7 个(个别 10 个),Ⅶ、Ⅷ区 15～20 个排成一横排。

5. 疣足

除前两对疣足单叶型外(图 4-1C),余皆为双叶型。体前部和体中部双叶型疣足(图 4-1D～E),背须短于疣足叶,具 3 个背舌叶(含背刚叶),以叶片状的上背舌叶最宽大、背刚叶最小。体后部疣足(图 4-1F),背刚叶变小为小突起,其他同体前部和体中部。

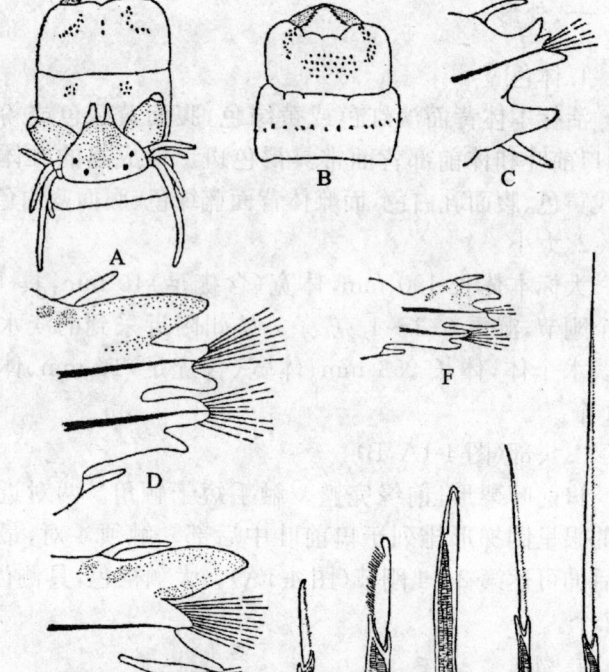

A. 体前部背面观(吻翻出); B. 吻的腹面观;
C. 第 1 对疣足前面观; D. 体前部疣足前面观;
E. 体中部疣足前面观; F. 体后部疣足前面观;
G. 复型等齿刺状刚毛; H. 复型异齿刺状刚毛;
I. 简单型刚毛; J~K. 复型异齿镰刀形刚毛

图 4-1 日本刺沙蚕外形

6. 刚毛

疣足背刚毛皆为复型等齿刺状(图4-1G)。体前部和体后部疣足的腹刚毛,在腹足刺上方为复型等齿刺状和异齿镰刀形(图4-1J),腹足刺下方为复型等齿、异齿刺状(图4-1H)和异齿镰刀形(图4-1K)。体中后部(约第36刚节以后),腹足刺上方的复型异齿镰刀形刚毛被1~2根简单型刚毛(图4-1I)替代。

7. 形态差异

各地日本刺沙蚕形态上的差异见表4-1。

表4-1 日本刺沙蚕的形态差异

	饭塚启 (Izuka,1908)	芮菊生等 (1956)	孙瑞平等 (1980)	俞大维等 (1985)
体长(mm)	50~120	66~221	180(最大)	80~253
体宽(mm)	4*	8~15	10	10~16
体节数(个)	70~130	43~145	>100	75~164
吻齿数Ⅰ区	1~2	0~4	1~5	0~8
Ⅱ区	10~15	0~13	10~12	3~14
Ⅲ区	30~56	22~43	30~40	20~55
Ⅳ区	17~56	4~8	12~15	4~23
Ⅴ区	0	0	0	0
Ⅵ区	5~8	4~8	4~10	3~7
Ⅶ、Ⅷ区	5~20	20~41	15~20	19~55
标本采集地	日本沿海	上海黄浦江	青岛栈桥东	杭州城河

*不含疣足 (据俞大维等修改)

8. 生殖个体

日本刺沙蚕 *Neanthes japonica* (Izuka)(日本蕩沙蚕

Hediste japonica (Izuka))的非生殖个体和生殖个体(异沙蚕体)之间,在外形上虽无大的不同,但生殖个体的刚毛数增多。

当非生殖个体(1991年12月)发育至生殖个体(1992年2月),雌个体第50刚节的刚毛数由平均50.7根±31.0根增多至91.4根±21.2根,雄个体第50刚节的刚毛数由平均56.9根±36.2根增多至147.4根±52根,雄个体刚毛数增多为两个月前的两倍(张志南等,1993)。刚毛数的增多,加大了身体的表面积,增加了浮力,利于生殖时起浮,这对无卵黄聚集的雄个体的起浮尤为重要。

二、生境和分布

1. 分布

日本刺沙蚕分布于我国黄海、渤海、东海及韩国、日本沿海。广盐性,可生活于海水、半盐水和淡水水域,常栖于河口区或底质泥、泥沙或沙底的潮间带和潮下带。

在辽宁大连,河北秦皇岛、北戴河、抚宁(洋河口)、昌黎(团林)、黄骅,天津塘沽新港,山东羊角沟、龙口(码头)、烟台、威海、青岛(沙子口、栈桥附近、小青岛、沧口、红岛、双埠),浙江洞头、瑞安、乐清、苍南,在黄渤海河口区,甚至在远离河口的淡水水域如上海黄浦江、江苏南京长江段、杭州西湖、钱塘江萧山段等,都采到过本种标本。

南京地区民谚"红蟛多,鱼苗盛"。红蟛,指长江口一带,每年4~5月份大量出现的日本刺沙蚕,可溯江上游至南京长江段。

2. 栖息密度和生物量

在天津塘沽新港河口芦苇和莎草(苔)附近(盐度19),栖息密度600条/平方米、生物量为7 g/m²。在即墨金口虾池进水渠,1990 年 10 月 20 日的栖息密度 1 360 条/平方米、生物量为 737 g/m^2,同栖的多毛动物有双齿围沙蚕 Perinereis aibuhitensis(Grube)、多齿围沙蚕 Perinereis nuntia(Savigny)、弯齿围沙蚕 Perinereis camiguinoides(Augener)、异须沙蚕 Nereis heterocirrata Treadwell、须鳃虫 Cirriformia tentculata(Montagu)和索沙蚕 Lumbrineris sp. 等。

3. 繁殖

成虫生活于低盐区(涨潮时盐度为 32~14.6,退潮时为 29.3~1.0),但在生殖时则移向高盐区,以保证无渗透力的卵、担轮幼虫至 5 刚节游毛幼虫的正常发育,至 6 刚节游毛幼虫时可向更低盐区进入底栖生活,时间在受精后一个月左右(香川义信,1955)。

在大连庄河,1991 年 3 月下旬~5 月底繁殖,4 月下旬是幼虫发生的高峰期,5~8 月沙蚕沉落密度是 3 983~22 055 条/平方米,在对虾养殖期沙蚕的平均密度是 2 489(1 130~3 848)条/平方米、平均生物量是 101.31(57.43~145.18)g/m^2(周一兵,1999);在无棣沿海,1993 年 3 月初~4 月上旬繁殖,4 月中旬是高峰期(水温 3℃~5.8℃)(马建新等,1998);在文登高岛盐场,繁殖期在 3 月上旬~4 月上旬(张志南等,1994);在杭州和萧山 2 月上旬~4 月上旬繁殖(俞大维等,1985)。

4. 雌雄比

在杭州和萧山,140 条中的雌雄比为 0.97∶1(俞大维等,1985);在文登高岛盐场 1 215 条中的雌雄比为 1∶2(张志南等,1993);在即墨金口出入水沟中,3 月份的雌雄比为 1∶4 且 25% 已产卵,因雌个体产卵后 1 日内即死亡,而雄个体则在排空精子后 1 周内死亡,这可能是产卵期雌少雄多的原因(黄风鹏等,2001)。

三、个体发育

1. 怀卵量

成熟雌体平均怀卵量 24 万±3.6 万粒(张志南等,1993)。

2. 卵径

文登高岛盐场标本的平均卵径为 209 μm±3.7 μm(张志南等,1993),黄风鹏等(2001)报道即墨金口出入水沟中标本的卵径为 120~170 μm,孙瑞平等(1980)曾记录青岛栈桥以东标本的卵径为 130 μm。上述卵径大小的不同,其原因应引起关注。

1963 年 3 月 15 日(水温 10℃),在青岛栈桥以东原青岛二中后的滩面,采到日本刺沙蚕群浮后沉落的个体。在室内水温 14℃~15℃,人工授精(图 4-2A~L、表 4-3)。

3. 油球

日本刺沙蚕卵的小油球多集中在卵的中部,与其他沙蚕不同。

4. 出苗期

10 刚节的刚节幼体是日本刺沙蚕出苗期。口前纤毛轮完全消失,4 对围口节触须皆出现,底栖生活。

在水温 10℃,由受精卵发育至担轮幼虫出卵膜孵化需两天,幼虫可随海流从高盐区漂向河口低盐区,经边浮游边变态沉落至幼体底栖穴居生活需 30 天。

5. 起水现象

韩方训等(1991)记录到 1~1.2 cm 的幼虫具集群起水现象,马建新等(1998)报道 4 cm 前的个体常离穴浮游于水中,周一兵(1999)则称 2~3 mm 的幼体在清晨或傍晚可集群浮游于水中。4 mm后此情况便很少出现。应进一步研究起水现象,此时不可开闸换水,以防幼苗流失。

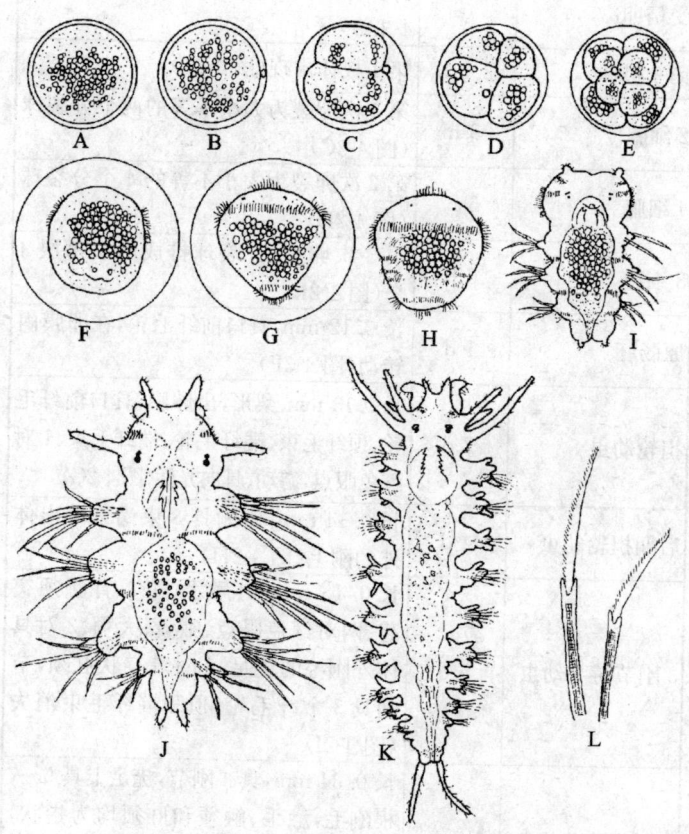

A.受精卵;B.排出极体;C.2细胞;D.4细胞;E.8细胞;
F.原肠胚;G.担轮幼虫;H.后期担轮幼虫;
I,J.3~4刚节游毛幼虫;K.9刚节游毛幼虫;
L.5刚节游毛幼虫的刚毛

图4-2 日本刺沙蚕的个体发育

表4-3 日本刺沙蚕的个体发育

发育过程	时间(受精后)	特征
受精卵	0	许多等大的小油球集中在卵中部(图4-2A)
第1极体	2.5 h	第1极体出现(图4-2B)
2细胞	3 h	第1次卵裂为大小不等的两个分裂球(图4-2C)
4细胞	5 h	第2次卵裂为大小不等的4个分裂球(图4-2D)
8细胞	6 h	第3次卵裂,分裂球排成两层每层4个(图4-2E)
原肠胚	1 d	长0.12 mm,具口前纤毛轮,在卵膜内转动(图4-2F)
担轮幼虫	2 d	长0.13 mm,梨形,出卵膜,具口前纤毛轮、顶纤毛束、端纤毛轮、端纤毛束、1对红色眼点,游动,具向光性(图4-2G)
后期担轮幼虫	4 d	长0.14 mm,体侧具3束尚未伸出体外的刚毛(图4-2H)
3刚节游毛幼虫	5 d	长0.18 mm,具触手、第1背触须突起,两对红色眼点、咽囊、大颚、3对具体外刚毛的疣足、1对乳突状肛须,节间具3个纤毛轮,顶和端纤毛束消失(图4-2I)
4刚节游毛幼虫	9 d	长0.34 mm,具4刚节,疣足上具5~7根刚毛,触手、触须和肛须均为指状,出现触角,已具肛门,可摄食扁藻和硅藻(图4-2J)
5刚节游毛幼虫	14 d	长0.4 mm,具5刚节,刚毛等齿复型、大颚亦具3齿,可摄食刚孵化的卤虫且吞食小的同类(图4-5)

(续表)

发育过程	时间 (受精后)	特 征
7刚节游毛幼虫	21 d	长0.8 mm,具7刚节,纤毛轮均消失,第1对围口节腹触须出现于其背触须腹面,消化道分化,爬行
9刚节游毛幼虫	24 d	长1.3 mm,具9刚节,第1刚节刚毛消失且其疣足的前伸变为第2对围口节背触须(图4-2K)
10刚节刚节幼体	30 d	长2.6 mm,具10对疣足,第2对围口节背触须腹面生出第2对腹触须,口前纤毛轮完全消失,底栖
14刚节刚节幼体	60 d	长3.6 mm,具14对疣足
17刚节刚节幼体	75 d	长4.5 mm,具17对疣足,大颚具7齿,围口节的2对背触须变长
30刚节刚节幼体	90 d	长9 mm,具30对疣足,可大量吞食卤虫及较小的同类
40刚节刚节幼体	>90 d	长20 mm,具40对疣足,因饵料不足个体间相互吞食
60刚节刚节幼体	>120 d	长35 mm,具60对疣足

第二节　日本刺沙蚕的养殖

一、技术路线

采用沙蚕养殖路线(图1-15)中的任何一个流程,均可养殖日本刺沙蚕。

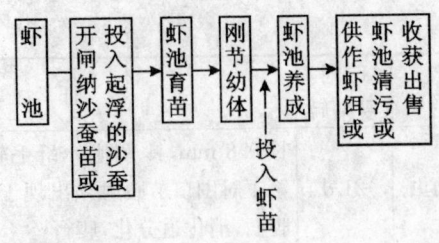

图 4-3 开闸纳苗虾池养殖日本刺沙蚕的技术路线

因日本刺沙蚕比双齿围沙蚕个体小且体软,体色亦不如多齿围沙蚕鲜艳,在钓鱼时易脱钩,且在自然环境中数量大,故不采用前两章的养殖法以养成。

在黄渤海区,早春日本刺沙蚕即大量繁殖,适时开闸纳沙蚕苗培育,至投放对虾苗时,不仅可作为对虾饵料的补充,沙蚕又可吞食沉落于虾池过剩的饵料,达到清污防病,具明显的技术优势(图 4-3)。

若沙蚕达 400 条/平方米,可有效地阻止池底黑色还原层的出现,使虾池保持褐黄色的氧化层,在虾池碎屑食物链中占据中心环节(张志南等,1993)。中国对虾摄食日本刺沙蚕的物质转换率为 $12.721\% \pm 2.79\%$,能量转换率为 $9.36\% \pm 2.472\%$,中国对虾摄食率与投饵量之间呈明显的对数关系(王诗红等,1998)。周一兵等(1995、2000)在"虾池中日本刺沙蚕的次级生产力研究"和"虾池生态系能量收支和流动的初步分析"中,均论证虾池开闸纳沙蚕苗养对虾有可观的生态效益。

二、虾池开闸纳沙蚕苗——养虾

(一)虾池

1. 基本设施

养虾所需的各种设施见"对虾养殖"有关书籍。

2. 晒池、翻耕和消毒

收虾的秋后,应封闸晒池,同时翻耕松土两遍(深 10~15 cm),用生石灰(60 千克/亩)或漂白粉(15 千克/亩)清污消毒(注意,不用茶籽饼,因茶籽饼对沙蚕有害)。

(二)养殖过程

1. 纳沙蚕苗

(1)纳苗期:视各地繁殖期而定。在文登高岛盐场,1 665亩投入沙蚕量为 18 471 kg,平均每亩 11.11 kg,至 3 月每立方米水体中幼虫的密度可达 20 130 条,至 4 月份沉落于池底的苗数平均为 3 352 条/平方米。对养殖生产有意义的纳潮期有 3 个,即 3 月上旬新月潮持续 12 天、数量为 2.5 万~5.0 万个/立方米,主要是卵、各期胚胎和担轮幼虫,3 月中旬的满月潮持续 7 天、数量为 0.2 万~0.5 万个/立方米,4 月上旬新月潮持续 8 天、数量为 0.2 万~0.35 万个/立方米,16 个纳潮虾池幼体沉落量平均为 4 492 条/平方米(图 4-4)(张志南等,1994)。

(2)水温:2℃以上(镜检已见大量沙蚕卵时)。

(3)滤网:虾池闸门口滤网为 40~60 目尼龙筛绢的锥形网,防鱼卵等敌害生物进入。

(4)水深:进水深 50~80 cm。

(5)纳苗密度:幼虫或幼体密度每立方米水体 2 000~10 000 条。纳苗量过大或饵料不足,可导致个体之间吞食(图 4-5)。

如无法纳苗,则在 2 月前购入尚未起浮的个体(引进成体),或在 2 月底沙蚕群浮时将河口置网捕获的沙蚕倒入虾池,用量在 1~10 千克/亩,使其自然产卵、受精发育。

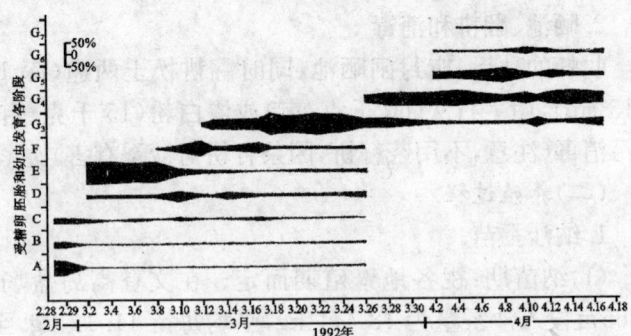

A. 受精卵；B. 2～4 细胞；C. 8 细胞；D. 囊胚和原肠胚；
E. 担轮幼虫；F. 后期担轮幼虫；G. 3～7 刚节的游毛幼虫
（仿张志南、于子山等，1994）

**图 4-4　日本刺沙蚕（从受精卵至 7 刚节游毛幼虫）
相对数量的变化**

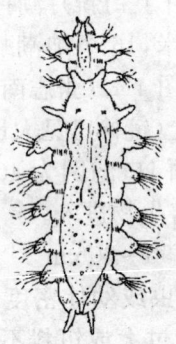

图 4-5　5 刚节游毛幼虫在吞食 3 刚节游毛幼虫

2. 育沙蚕

至 3 月施肥育沙蚕，繁殖浮游植物（每 10～15 天，施尿素或硫酸铵 0.5～1.0 千克/亩或每 7～10 天撒豆饼粉、花生粉 20～300 克/亩。并且，每 10～15 天加水 10 cm，且注入淡水使盐度为 25 以上。

3. 投入虾苗

(1) 投虾苗时间:至 5 月中旬,投虾苗入池,创造对虾和沙蚕都能正常生长的良好环境。过早投放虾苗,会因虾苗小被沙蚕食去;过晚会因对虾过大,沙蚕被虾吃光而失去利用价值。

投入中国明对虾 *Fenneropeaneus chinensis* 的最佳时间(对虾-沙蚕间的捕食关系)见表 4-4。

表 4-4 中国明对虾和日本刺沙蚕的捕食关系

中国明对虾		日本刺沙蚕		备 注
规格(cm)	捕食关系	规格(cm)	捕食关系	
>0.7	+	0.05~0.15	-	+捕食者,-被捕食者
0.9~1.1	-	2.1~2.7	+	日食虾 2.6 尾
1.2~1.5	-	2.5~3.0	+	日食虾 0.856 尾
2.5~3.0	+	2.5~3.0	+/-	日食蜕皮虾 0.15 尾
6.0	+	3.0~4.0	-	5 月中旬投 4~5 cm 虾苗
8.0	+	3.0~10.0	-	

(据毕庶万等修改)

(2) 投放虾苗规格和量:4~5 cm 长的虾苗,每亩 8 000尾(预产虾 100 千克/亩)。

(3) 管理:管理的关键是加饵料(糠虾、卤虫等鲜活饵料),饵料不足可使虾、蚕争食。沙蚕密度在 3 000 条/平方米以上时,应投入少量饼粉,应定点测定沙蚕的大小、密度、数量变动并结合沙蚕的摄食状况及生长速度,调整投饵量(马建新等,1998)。

4. 防病、育肥对虾

至 8 月中旬利用沙蚕防病、育肥对虾。此时,对虾长

9 cm 以上,沙蚕长 12～15 cm(0.3～0.5 克/条)。

在收虾前 10～15 天,可有意识地减少投饵量以诱导对虾潜沙挖食沙蚕,或向池中施入一定浓度的茶籽饼以迫使沙蚕离穴而被对虾食用,如果虾池内沙蚕充足,对虾则显得身肥体壮、体表光亮、弹跳力强,每日每尾可增重达 290 mg(周一兵,1999)。

5. 适时收虾

再经 20 天适时收虾。

生活。

6. 铺沙法

建议高架式铺沙,即沙层底部与虫池底部间用塑料板隔开 8 cm 左右。这样可不集污物,免除每季清洗虫池,亦可加快排水速度。

7. 其他

所有水、电及送气管道,均以暗设为妙,这样既安全,又美观。

(三)育苗槽、箱

育苗室内应备有不同大小塑料制的育苗槽、箱,以视沙蚕成熟起浮的数量而选用,也可兼做催熟等用(图3-6)。

1. 大小和形状

塑料槽、箱规格有大有小,宁愿小些,不宜过大,长 50~60 cm、宽 30~40 cm、高 15~20 cm 不等。以圆形较为理想,充气时没有死角,卵可分布均匀。

2. 布局

特制不锈钢框(支)架,以把塑料槽、箱堆叠架其上,一般可架 5~6 层,立体使用以提高效率。

3. 设计要求

移动方便并利换水为佳。在每个槽、箱短边中下部、从底部算起 60 mm 的地方,打一个 18 mm 的圆洞,接一根长 35 mm、外径 18 mm 的套管,在槽、箱内侧接一个异径的 T 形管(13 mm×30 mm),T 形管的 30 cm 口径的一端切断,其另一端留 70 mm 形状如"┐"(以阻止细沙流失的装置),槽、箱外侧突出的管子可排水和调节水位,套上口径 13 mm 的弯头(为保持灵活转动不用黏合剂),弯头的另一端再接上长 50 mm、口径大于 13 mm 的管子(为便于调节水位,不致流沙、逃苗的装置)(吉田俊一、

第五章 沙蚕的开发

正确鉴定和识别沙蚕,是可持续性发展沙蚕养殖业的基础。

第一节 沙蚕的检索表

依绝对性状、严格双歧、适于我国,编制检索表

1. 疣足除前两对疣足外皆为双叶型 ……………………… 2
   疣足单叶型或亚双叶型(溪沙蚕亚科 Namanereidinae) ……… 3
2. 吻无颚齿(裸吻沙蚕亚科 Gymnonereidinae) …………… 4
   吻具颚齿(沙蚕亚科 Nereidinae) ……………………… 10
3. 围口节具 3 对触须 ……………… 美沙蚕属 Lycastopsis *
   围口节具 4 对触须(溪沙蚕属 Namalycastis) …………
   ……………… 溪沙蚕 Namalycastis abiuma (119~121 页)

4. 体前部部分疣足背须鳞片状或特化为枝状鳃 ……………… 5
   体前部疣足背须非鳞片状且不特化为枝状鳃 ……………… 6
5. 体前部部分疣足背须特化为枝状鳃 ………………………
   ………………………………… 鳃沙蚕属 *Dendronereis* *
   体前部部分疣足背须鳞片状 ……… 鳞须沙蚕属 *Kainonereis* *
6. 吻无乳突 ………………………………………………… 7
   吻具乳突 ………………………………………………… 8
7. 疣足背足叶仅具复型等齿刺状刚毛 ……… 裸沙蚕属 *Nicon* *
   疣足背足叶具复型等齿刺状和等齿镰刀形刚毛 ……………
   ………………………………… 舌沙蚕属 *Rullierinereis* *
8. 吻颚环和口环皆具乳突 ………………………………… 9
   吻仅口具乳突 ……………… 背褶沙蚕属 *Tambalagamia* *
9. 仅具复型等齿刺状刚毛；体中部疣足无须基 ………………
   ………… 软疣沙蚕 *Tylonereis bogoyawleskyi*（121~123 页）
   具复型刺状和镰刀形刚毛；体中部疣足具须基（图 5-3E）……
   ………… 疣吻沙蚕 *Tylorrhynchus heterochaetus*（123~126 页）
10. 吻口环具乳突、颚环具颚齿 ……………………………… 11
    吻具颚齿无乳突 …………………………………………… 12
11. 双叶型疣足具 3 个背舌叶；具复型刺状和镰刀形刚毛 ………
    ………………………………… 突齿沙蚕属 *Leonnates* *
    双叶型疣足具两个背舌叶；仅具复型刺状刚毛 ………………
    ………………………………… 拟突齿沙蚕属 *Paraleonnates* *
12. 吻仅颚环具颚齿；口前叶前缘具纵裂 ………………………
    ………………………………………… 角沙蚕 *Ceratonereis* *
    吻口环和颚环皆具颚齿；口前叶前缘无纵裂 …………… 13
13. 吻Ⅵ区不具横棒状或梳棒状颚齿 ………………………… 14
    吻Ⅵ区具横棒状或梳棒状颚齿 …………………………… 23
14. 围口节具向前扩展的领 ……… 环唇沙蚕属 *Cheilonereis* *
    围口节不具向前扩展的领 ………………………………… 15
15. 体前部疣足背具复型刺状刚毛、体后部疣足背叶具复型镰刀形刚毛（沙蚕属 *Nereis*）………………………………… 16

   　疣足背叶仅具复型刺状刚毛 ·· 20
16. 吻Ⅶ、Ⅷ区具多排颚齿 ··· 17
   　吻Ⅶ、Ⅷ区颚齿密集成横带；体中部镰刀形背刚毛黄色 ·········· 19
17. 吻Ⅶ、Ⅷ区多排颚齿间杂有细齿 ··· 18
   　吻Ⅶ、Ⅷ区第 1 排大颚齿后具几排小颚齿；体前部疣足舌叶钝
   　圆；体后部疣足上背舌叶延伸成矩形且背须位其上；镰刀形
   　背刚毛端片具细齿 ················· 旗须沙蚕 *Nereis vexillosa* *
18. 第 1 对腹触须变粗为指状或长瓶状；体后部疣足上背舌叶延伸
   　为矩形 ········ 异须沙蚕 *Nereis heterocirrata*（127～129 页）
   　第 1 对腹触须不变粗为指状；体后部疣足上背舌叶隆起为叶片
   　状 ··· 宽叶沙蚕 *Nereis grubei* *
19. 吻Ⅴ区具颚齿 1～10 个 ········ 真齿沙蚕 *Nereis neoneanthes* *
   　吻Ⅴ区无颚齿 ······ 多齿沙蚕 *Nereis multignatha*（130～133 页）
20. 疣足腹叶刚毛仅为复型刺状；体后部疣足背舌叶呈叶状、背须
   　位其凹处（叶沙蚕属 *Alitta*）；吻Ⅶ、Ⅷ区具多排颚齿的横带并
   　向Ⅵ区扩散 ······ 琥珀叶沙蚕 *Alitta succinea*（135～140 页）
   　疣足腹叶刚毛为复型刺状和镰刀形；体后部疣足非如上述 ···
   　·· 21
21. 体后部疣足腹上叶不具简单型腹刚毛（刺沙蚕属 *Neanthes*）···
   　·· 22
   　体后部疣足腹上叶具简单型腹刚毛（溞沙蚕属 *Hediste*）；吻Ⅶ、
   　Ⅷ区具多于 10 个且排成一排的颚齿 ·······································
   　······················ 日本溞沙蚕 *Hediste japonica*（100～114 页）
22. 吻Ⅶ、Ⅷ区无颚齿 ············ 腺带刺沙蚕 *Neanthes glandicincta*
   　吻Ⅶ、Ⅷ区具颚齿 3 排以上且密集成横带 ·······························
   　······································· 尾刺沙蚕 *Neanthes caudata* *
23. 吻Ⅵ区颚齿横棒状；疣足背叶仅具复型刺状刚毛 ··············· 24
   　吻Ⅵ区颚齿为梳棒状颚齿；疣足背叶具复型刺状和镰刀形刚毛
   　（阔沙蚕属 *Platynereis*）···
   　··················· 双管阔沙蚕 *Platynereis bicanaliculata*（150～156 页）

24. 吻其他区的圆锥形颚齿不密集排成梳状(围沙蚕属 Perinereis)
   25
   吻其他区的圆锥形颚齿密集排成梳状(伪沙蚕属 Pseudonereis);吻Ⅵ区仅具1个横棒状颚齿 ....
   .... 杂色伪沙蚕 Pseudonereis variegate *
25. 吻Ⅵ区具 1 或 2~4 个横棒状颚齿 26
   吻Ⅵ区具 4 个以上的横棒状颚齿 27
26. 吻Ⅵ区仅具 1 个横棒状颚齿(非扁脊状、非笔架状);吻Ⅶ、Ⅷ区具 2 排颚齿;体背部不具色斑 ....
   .... 独齿围沙蚕 Perinereis cultrifera (141~145 页)
   吻Ⅵ区具 2 或 2~4 个横棒状颚齿 28
27. 吻Ⅳ区具圆锥状颚齿和横棒状齿 ....
   .... 枕围沙蚕 Perinereis vallata *
   吻Ⅳ区仅具圆锥状颚齿 ....
   .... 多齿围沙蚕 Perinereis nuntia (69~99 页)
28. 吻Ⅶ、Ⅷ区颚齿间掺有小齿 ....
   .... 扁齿围沙蚕 Perinereis vancaurica *
   吻Ⅶ、Ⅷ区颚齿间不掺有小齿 29
29. 吻Ⅵ区横棒状颚齿平直 ....
   .... 双齿围沙蚕 Perinereis aibuhitensis (37~68 页)
   吻Ⅵ区横棒状颚齿弯曲 ....
   ...... 弯齿围沙蚕 Perinereis camiguinoides(145~149 页)

* 只检索至属或种名

第二节 可开发的沙蚕

重点介绍见于我国潮间带或河口区的沙蚕优势种。

一、溪沙蚕 *Namalycastis abiuma*（Müller）

1. 分布

溪沙蚕分布于东海、南海。标本采自上海复兴岛,福建连江,台湾淡水河,海南海口、三亚。栖于河口岸边的褐色淤泥中,上海复兴岛盐度为 0.12,海南三亚河口盐度为 19.52。在福建连江盐滩,有时可在高等植物的根部采到。为亚热带和热带分布很广的淡水和咸淡水种。

2. 体色

酒精固定标本,除触手和触角基部无色外,余均为红褐色。

3. 大小

体长 67 mm,体宽(含疣足)5 mm,具 127 个刚节。最大标本体长 110 mm,宽(含疣足)5 mm,具 195 个刚节。

4. 头部

口前叶前缘中央具纵沟。围口节触须最长者后伸可达第 3 刚节(图 5-1A)。

5. 吻

吻表面光滑,无几丁质颚齿和乳突。

6. 疣足

疣足皆为亚双叶型,背刚叶退化,具 1 根黑色的足刺。第 1 对疣足(图 5-1B)背须小,腹刚叶钝圆,腹刚毛大部仍在疣足内、仅端片在外。自第 2 对疣足(图 5-1C)始,背须逐渐增大为叶片状或长指状。体中后部疣足(图 5-1D~E),为叶片状至长指状,具钝的前腹刚叶和分为两叶的后腹刚叶。

7. 刚毛

腹刚毛为复型异齿刺状(图 5-1H,I)和端片光滑(图 5-1F)或具齿的复型异齿镰刀形(图 5-1G)。

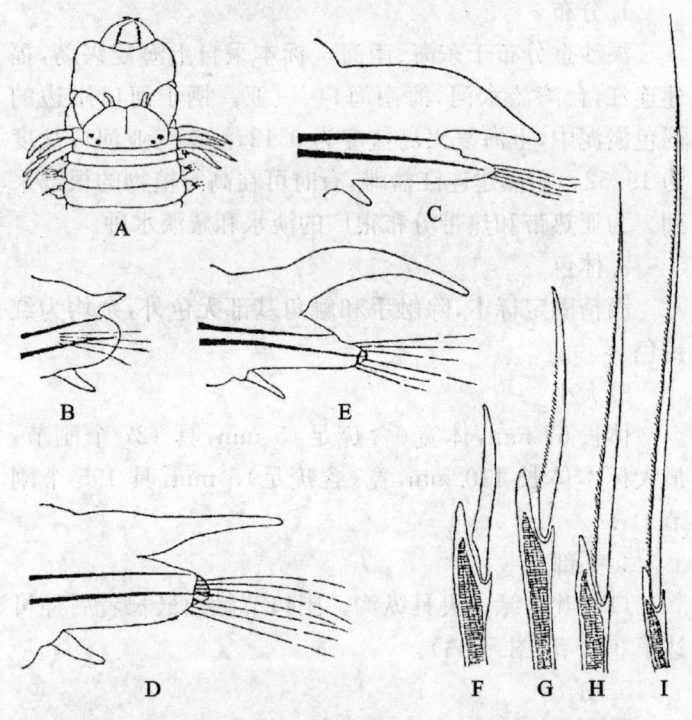

A. 体前端背面观;B. 第 1 对疣足前面观;C. 体前部疣足前面观;
D. 体中部疣足前面观;E. 体后部疣足前面观;
F~G. 复型异齿镰刀形刚毛;H~I. 复型异齿刺状刚毛

图 5-1　溪沙蚕 *Namalycastis abiuma*（Müller）

8. 养殖法

比照红蚯蚓养殖。红蚯蚓又名赤子爱胜蚓,学名 *Eisenia foetida*(Savigny)。养殖蚓床宽 2~5 m,高 25 cm,位于宽 70~80 cm 操作行道的两侧。发酵的畜粪(牛粪最好)沿蚓床纵向排成宽 25 cm、间距 15 cm 的条,喷水后投入蚓种 2 kg/m²,注意添料、保温、防寒、灭害、繁殖、采大留小等管理措施。

猪舍粪尿用固液分离机分离的固体物→经发酵 4~5 日→浸泡 3 日→滤水→(制成)培养基,或木屑→加污泥浆水→发酵 4~5 日→加少量酱油粕均混→(制成)培养基。然后,把上述培养基置于饲养箱中,加水少许,再投入沙蚕,1~2 日后投入黄豆粉和鳗鱼饲料粉均混的饲料喂之(蓝亚文等,1998)。

二、软疣沙蚕 *Tylonereis bogoyawleskyi* Fauvel

1. 分布

软疣沙蚕分布于南海。标本采自浙江乐清(沙门),福建崇武(大岞),广西围洲岛、企沙,海南清澜、陵水(新村)、三亚、海口(北港)。栖于泥砂滩、有淡水注入处,常在河口区密集,其穴铁锈色呈三轴 Y 型,穴深为虫体体长的 3~5 倍(210~360 mm),退潮后约 10~15 分钟,在滩面和静水处可见 2 个开口,一为孔径 10 mm 左右圆形凹陷的主穴孔,另为低锥状粪堆的排粪孔(王珍如,1994)。是热带河口区的优势种。在海南三亚河口的密度为每平方米 115 条、生物量为 28 g。

2. 体色

活标本为浅红色,疣足上背舌叶具深铁褐色色斑,体前部背面亦具相同颜色的横带。酒精固定标本色彩多褪去。

3. 大小

大标本体长 110 mm,体宽(含疣足)5 mm,具 160 个刚节。

4. 头部(图 5-2A)

口前叶前缘具浅的纵裂,围口节触须最长者后伸可达第 3~4 刚节。

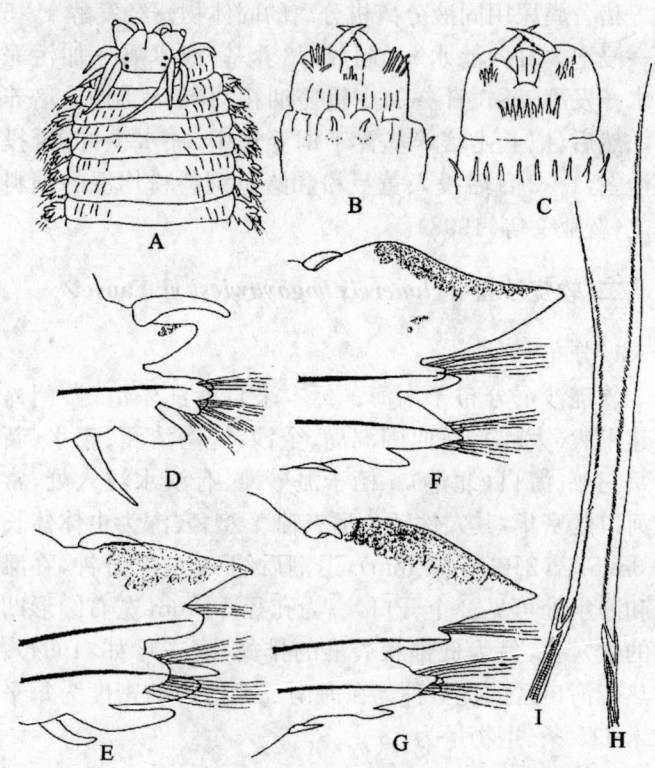

A. 体前部背面观;B. 吻背面观;C. 吻腹面观;D. 第 1 对疣足;
E. 第 7 对疣足前面观;F. 体中部疣足前面观;
G. 体后部疣足前面观;H~I. 复型等齿刺状刚毛

图 5-2 软疣沙蚕 *Tylonereis bogoyawleskyi* Fauvel

5. 吻(图 5-2B,C)

吻表面无颚齿、具软乳突:Ⅰ区 1~3 个锥形乳突,

Ⅱ、Ⅳ区4～8个细长的乳突且密集成束,Ⅲ区一排7～9个细长的乳突,Ⅴ区无,Ⅵ区1个细长的乳突且基部具乳突垫,Ⅶ、Ⅷ区一排9～12个细长的乳突。吻端大颚侧齿不明显。

6. 疣足

前两对疣足(图 5-2D)为单叶型,背腹须细指状、稍长于疣足叶。双叶型疣足(图 5-2E,F),从第 7～8 刚节开始增大,但背腹须短小、长度不超过疣足叶,上背舌叶膨大为叶片状,腹刚叶具 1 腹前刚叶和两个腹后刚叶。体中后部和体后部的疣足相似(图 5-2G),短小的背须卷曲在上背舌叶的基部,上背舌叶远大于其他疣足叶,腹须很小。

7. 刚毛

背、腹刚毛皆为复型等齿刺状(图 5-2I,J)。

8. 养殖法

比照滩涂土池养殖——双齿围沙蚕。

三、疣吻沙蚕 *Tylorrhynchus heterochaetus*（Quatrefages）

1. 分布

疣吻沙蚕分布于黄海、东海和南海河口区。标本采自上海黄浦江(高桥、复兴岛、定海桥),江苏南京,福建福州,广东广州(张家汇)。栖于泥或泥砂底内。在上海复兴岛,密度达 537 条/平方米、生物量达 $11.2\ g/m^2$(1962年4月),3～4月和8月份在黄浦江(盐度为 0.12)均采到具卵的雌体,5月份在长江南京段采到雄虫。在闽粤两省和上海、南京一带,渔民常大量捕捞并出售其性成熟的异沙蚕体,供人们食用或作钓饵。因体内充满生殖腺,故异沙蚕体又是鱼类喜爱的饵料。但是,疣吻沙蚕栖于河口稻田时,常啃食稻根,给稻农造成损失,是农业上的一种害虫。我国古代记为禾虫(见第一章总论)。

2. 大小

大标本体长 100 mm,体宽(含疣足)4 mm,具 140 个刚节。最大标本体长可达 223 mm,体宽(含疣足)5 mm,具 160 个刚节。

3. 头部(图 5-3A)

口前叶前缘具纵裂缝。围口节触须最长者后伸可达第 2 刚节(吻外翻后可达第 4~5 刚节)。

4. 吻(图 5-3B,C)

吻表面口环和颚环具乳头状或圆乳状的软乳突,其排列如下:Ⅰ区 1 个圆乳状乳突,Ⅱ区不明显,Ⅲ~Ⅳ区 16~20 个乳头状乳突排列不规则,Ⅴ区两个大圆乳状乳突纵列成一行,Ⅵ区 1 个大圆乳状乳突,Ⅶ~Ⅷ区 10~12 个大小不等的圆乳状乳突排成 2 横排。吻端两个大颚,各具侧齿 7~9 个。

5. 疣足

疣足前两对疣足为单叶型(图 5-3D),背腹须和上背舌叶均为指状、且前者长于后者。体前部双叶型疣足,上背舌叶膨大、背须位其上,具指状的下背舌叶(图 5-3E)。体中部疣足(图 5-3F),背须细短、基部无膨大部分,下背舌叶末端尖细。体后部疣足同体中部(图 5-3G)。疣足皆无腹舌叶。

6. 刚毛

背刚毛全为复型等齿和异齿刺状(图 5-3H~J)。体前部疣足的腹刚毛为复型等齿、异齿刺状和异齿镰刀形,其端片长者具长锯齿、短者平滑(图 5-3K,L)。

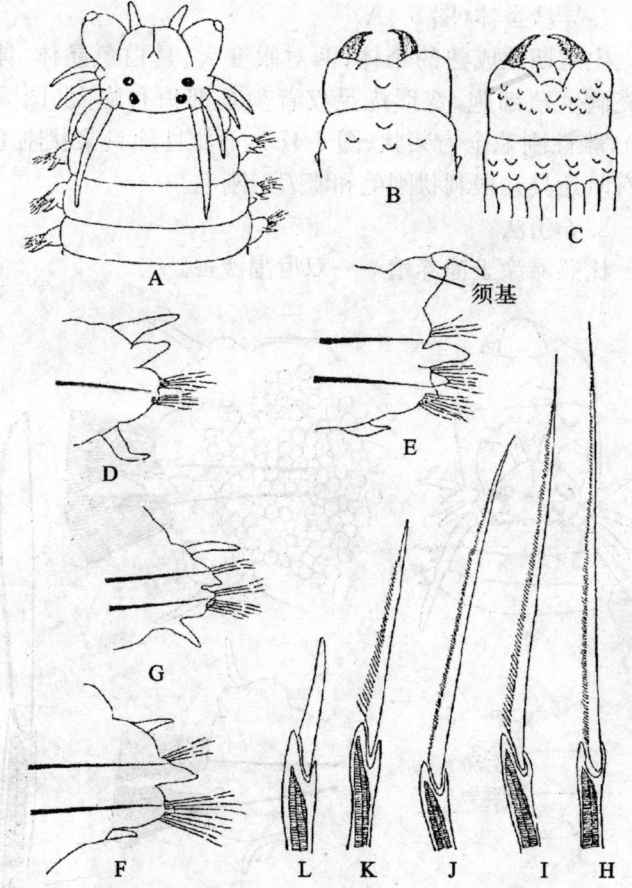

A. 体前端背面观；B. 吻背面观；C. 吻腹面观；
D. 第1对疣足前面观；E. 体前部疣足前面观；
F. 体中部疣足前面观；G. 体后部疣足前面观；
H. 复型等齿刺状刚毛；I, J. 复型异齿刺状刚毛；
K. 端片具锯齿的复型异齿镰刀型刚毛；
L. 端片无锯齿的复型异齿镰刀型刚毛

图 5-3　疣吻沙蚕 *Tylorrhynchus heterochaetus* (Quatrefages)

7. 异沙蚕体(图 5-4A)

生殖期性成熟的个体,两对眼变大、具白色晶体,体内充满生殖细胞,变形疣足仅背须基部稍有膨大(图 5-4D),雌性刚毛全为桨状(图 5-4E),而雄性除具桨状刚毛外有时还具几根刺状刚毛和镰刀形刚毛。

8. 养殖法

比照滩涂土池养殖——双齿围沙蚕。

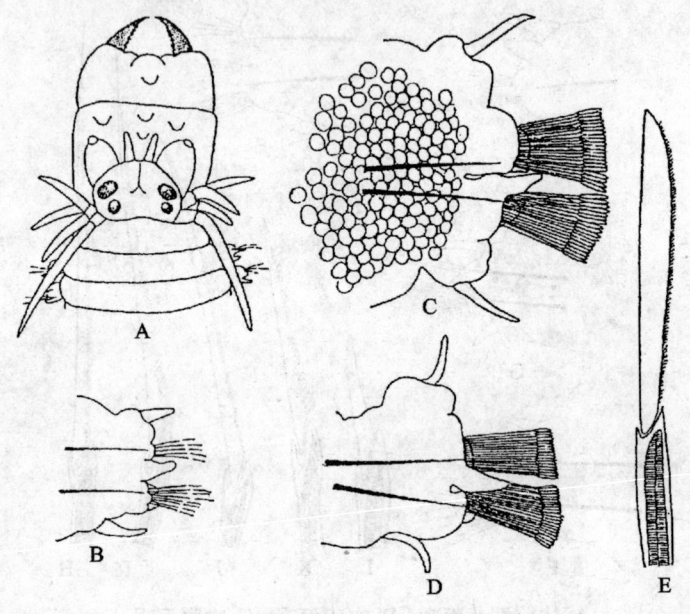

A. 体前部背面观;B. 体前部未变形疣足前面观;
C. 雌性的变形疣足前面观;D. 雄性的变形疣足前面观;
E. 桨状刚毛

图 5-4 疣吻沙蚕 *Tylorrhynchus heterochaetus* (Quatrefages) 的异沙蚕体

四、异须沙蚕 *Nereis heterocirrata* Treadwell

1. 分布

异须沙蚕分布于黄海、东海。标本采自山东蓬莱、烟台(烟台山、崆峒岛)、乳山(和尚洞)、青岛(沙子口、汇泉、大黑澜、黄岛),浙江嵊山、平阳(南几)、苍南(南关、七星岛),台湾(台北、基隆、宜兰)。为潮间带岩岸中区和下区的优势种。

2. 体色

酒精标本黄褐色,口前叶、触角和体前部背面具浅咖啡色色斑。

3. 大小

大标本体长 100 mm,体宽(含疣足)8 mm,具 85～100 个刚节。

4. 头部(图 5-5A,C)

口前叶梨形、前缘平滑。围口节触须 4 对,仅腹面的一对短为粗指状,余为长须状,最长者后伸可达第 3～4 刚节。

5. 吻(图 5-5A～C)

吻仅具圆锥形颚齿,颚齿在各区的数目和排列如下:Ⅰ区 2～3 个纵列,Ⅱ区 26～29 个成一新月形丛,Ⅲ区约 40 个聚成 4～5 个不正规的横排,Ⅳ区约 40 个成 4 个斜排,Ⅴ区无,Ⅵ区 3～4 个大锥形齿,Ⅶ、Ⅷ区具不正规排列的大齿 3～4 排、在Ⅶ区大齿间还具许多小齿(并稍向Ⅷ区扩散)。吻端大颚具侧齿。

6. 疣足

除前两对疣足为单叶型外,余皆为双叶型。体前部双叶型疣足(图 5-5D),背腹舌叶皆呈大小近等的圆锥形,背腹须须状。体中部疣足(图 5-5E),舌叶变细,上背舌叶稍长于下背舌叶。体后部疣足，上背舌叶变大增长为矩形、背须位其顶端，背须基部附近具一突起（图5-5F）。

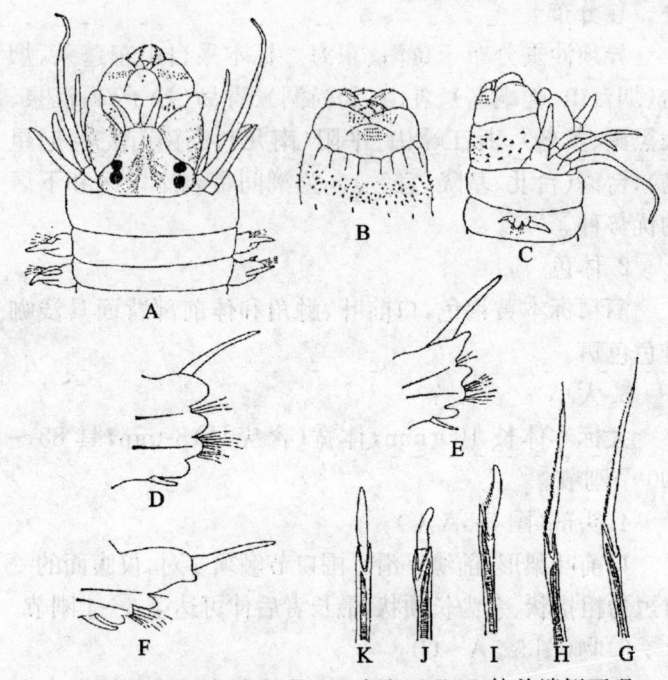

A. 体前端背面观(吻翻出)；B. 吻腹面观；C. 体前端侧面观；
D. 体前部疣足后面观；E. 体中部疣足前面观；
F. 体后部疣足前面观；G. 复型异齿刺状刚毛；
H. 复型等齿刺状刚毛；I. 复型异齿镰刀形刚毛；
J～K. 复型等齿镰刀形刚毛(正面观和侧面观)

图 5-5　异须沙蚕 *Nereis heterocirrata* Treadwel

7. 刚毛

前部疣足背刚毛均为复型等齿刺状（图 5-5H），体中后部背刚毛被 2～4 根端片具侧齿的复型等齿镰刀形刚毛替代（图 5-5J，K）。腹刚毛，在腹足刺上方为复型等齿刺状和异齿镰刀形,下方为复型异齿刺状(图 5-5G)和异齿镰刀形(图 5-5I)。

8. 异沙蚕体(图 5-6)

雄性体长 30～35 mm(雌性为 28～65 mm),体宽(含疣足)6 mm(4～6 mm),刚节数前区为 14(17)刚节、后区为 56～86(63～83)刚节,前区前 7(5)对疣足背须膨大,腹须前 5(4)对膨大,中区背须仅雄性具 8 个乳突,雄性肛门周围有 1～2 排小乳突。皆具桨状刚毛。

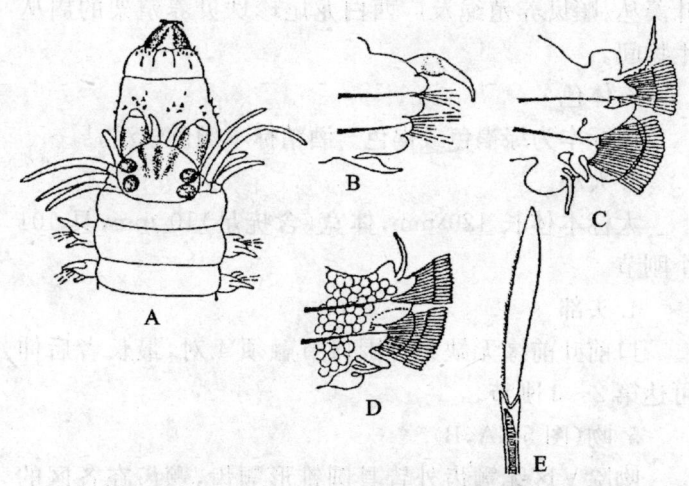

A. 体前端背面观(吻伸出);B. 第 5 对疣足前面观;
C. 雄异沙蚕体变形疣足前面观;
D. 雌异沙蚕体变形疣足前面观;E. 桨状刚毛

图 5-6 异须沙蚕 *Nereis heterocirrata* Treadwell 的异沙蚕体

9. 养殖法

参见工厂化水泥池养殖——多齿围沙蚕。

五、多齿沙蚕 *Nereis multignatha* Imajima *et* Hartman

1. 分布

多齿沙蚕分布于黄海至南海。标本采自山东青岛（汇泉、大港、黄岛）、烟台（烟台山）、威海、浙江洞头、平阳、瑞安、苍南、大陈岛,广西白龙尾,渤海(水深 30 m),黄海(水深 29～43 m),东海(水深 99～115 m)。栖于潮间带岩岸中区和下区、牡蛎和海藻丛中,潮下带马尾藻和大叶藻丛、贻贝养殖绳及广西白龙尾珍珠贝养殖架的周丛生物间。

2. 体色

活标本为绿褐色或褐色。酒精标本颜色较浅。

3. 大小

大标本体长 120 mm,体宽(含疣足)10 mm,具 101 个刚节。

4. 头部

口前叶前缘无缺刻。围口节触须 4 对,最长者后伸可达第 2～3 刚节。

5. 吻（图 5-7A,B）

吻除Ⅴ区无颚齿外皆具圆锥形颚齿,颚齿在各区的数目和排列如下：Ⅰ区 1～3 个纵列,Ⅱ区 20～25 个成 2～3 个斜排,Ⅲ区 20～24 个大小不等的颚齿排成一横带,Ⅳ区 25～28 个成三角形堆,Ⅵ区一般 7～10 个,有的可多达 19 个成一堆,Ⅶ、Ⅷ区颚齿密集成横带(近颚环处第一排稍大,其后多排密集且愈往下愈小)。吻端大颚具侧齿。

6. 疣足

前两对疣足(图 5-7C)为单叶型,背腹须均为指状,背腹舌叶近等长且为钝圆锥形。体前部双叶型疣足(约第

15对),背腹须变长,背腹舌叶末端钝圆(图5-7D)。体中部和体后部疣足(图5-7E),背腹舌叶为指状突起,腹刚叶圆锥形,背须短、为腹须长的1/3。

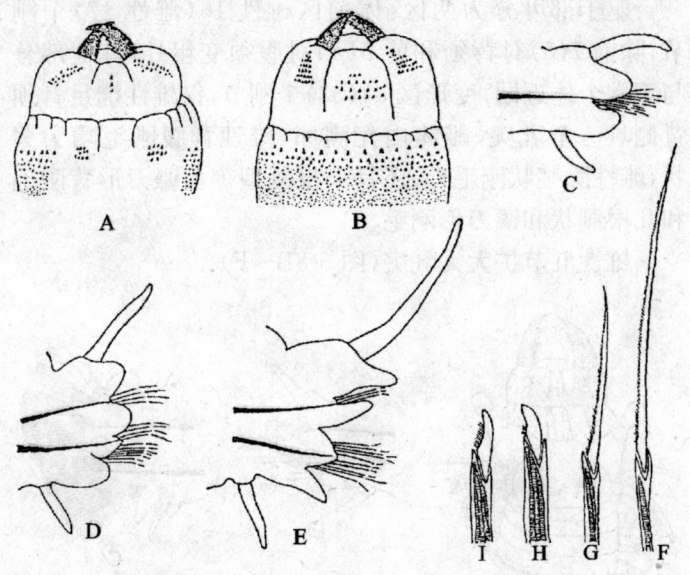

A. 吻背面观;B. 吻腹面观;C. 第1对疣足前面观;
D. 第15对疣足前面观;E. 体中部疣足前面观;
F. 复型等齿刺状刚毛;G. 复型异齿刺状刚毛;
H. 复型等齿镰刀形刚毛;I. 复型异齿镰刀形刚毛

图5-7 多齿沙蚕 *Nereis multignatha* Imajima *et* Hartman

7. 刚毛

前部疣足背的刚毛均为复型等齿刺状(图5-7F),至体中后部被2~3根端片短为深黄色、一侧具小齿的复型等齿镰刀形刚毛替代(图5-7H)。腹刚毛,在腹足刺上方者为复型等齿刺状和异齿镰刀形(图5-7I),下方者为复型异齿刺状(图5-7G)和异齿镰刀形。

8. 异沙蚕体(图 5-8A)

眼变大具白色晶体、成矩形排列于口前叶中部,触角大呈保龄球形。

躯干部可分为两区:体前区雄性 16(雌性 17)个刚节,除前 7(5)对背须和前 5(4)对腹须变粗外,其他部分与正常个体近同;变形区 34(33)个刚节,仅雄性疣足背须背侧具一个乳突,雌体内充满卵,雄性背腹刚毛均为桨状,雌性除桨状刚毛外、还具一根复型等齿镰刀形背刚毛和几根刺状和镰刀形刚毛。

雄性肛节扩大无乳突(图 5-8B~F)。

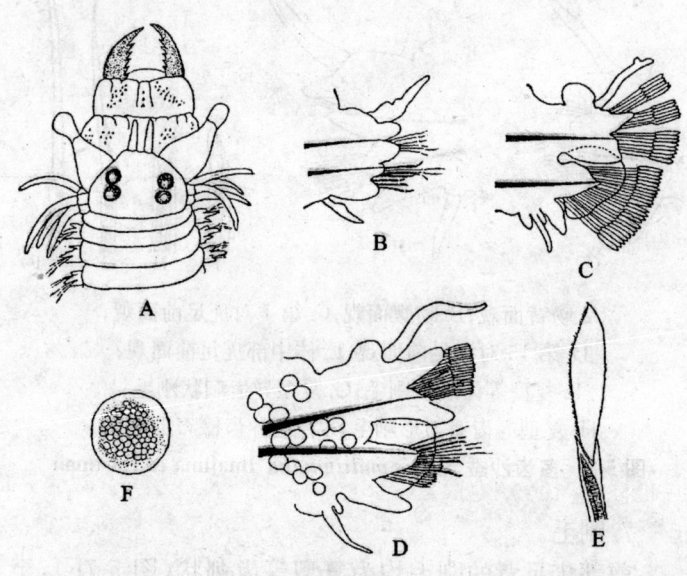

A. 体前端背面观(吻翻出);B. 第 4 对疣足前面观;
C. 雄性变形疣足前面观;D. 雌性变形疣足前面观;
E. 桨状刚毛;F. 卵

图 5-8 多齿沙蚕 *Nereis multignatha* Imajima *et* Hartman 的异沙蚕体

9. 养殖法

比照工厂化水泥池养殖——多齿围沙蚕。

六、腺带刺沙蚕 *Neanthes glandicincta* (Southern)

1. 分布

腺带刺沙蚕分布于东海、南海沿海河口区。标本采自福建连江(大澳)，海南(海口、三亚、盐皂、新村)，台湾(台北淡水河、台南)。于河口区的盐田岸边，钻穴而居，可造成盐池渗漏危害制盐业，当地盐民常喷洒药物毒杀之。曾忠汉等(1995)报道,在湛江有机污泥中栖息密度可高达2 660条/平方米，生殖时未见异沙蚕体出现，亦无群浮和婚舞，适合投饵期在5～7刚节幼虫。

2. 体色

虫体淡黄或乳白色。体前部背面、特别是疣足上背舌叶褐色。

3. 大小

大标本体长70 mm，具100多个刚节。

4. 头部(图5-9A)

口前叶前缘无缺刻。最长触须后伸可达第3～4刚节。

5. 吻(图5-9A,B)

吻的颚环各区皆具颚齿，口环仅Ⅵ区具颚齿。颚齿在各区的数目和排列为：Ⅰ区5～13个不规则地排成2～3排，Ⅱ区7～10个不规则地排成2～3弯曲排，Ⅲ区20～28个不等大的齿排成2～3排、有时几乎和Ⅳ区的齿相连，Ⅳ区两个弯曲排计6～10个，Ⅴ区无，Ⅵ区1～2个，Ⅶ、Ⅷ区无。大颚透明金黄色，具5～6个侧齿。

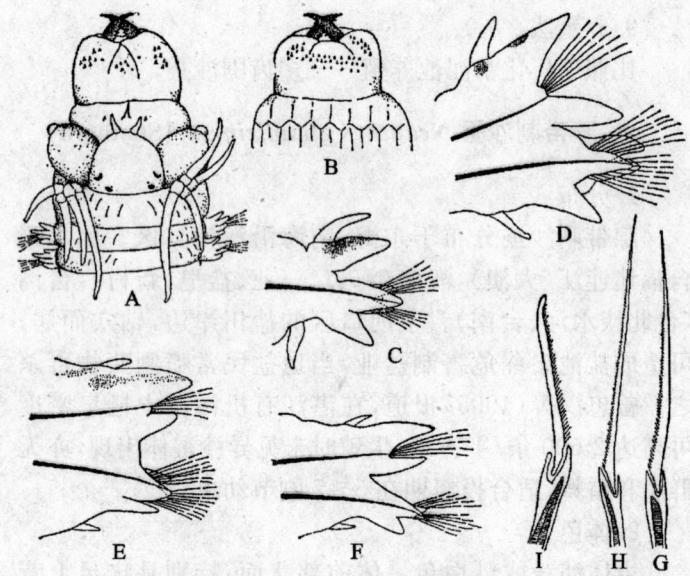

A. 体前端背面观(吻翻出);B. 吻腹面观;
C. 第 1 对疣足后面观;D. 第 10 对疣足后面观;
E. 第 50 对疣足后面观;F. 第 100 对疣足后面观;
G. 复型等齿刺状刚毛;H. 复型异齿刺状刚毛;
I. 复型异齿镰刀形刚毛

图 5-9　腺带刺沙蚕 *Neanthes glandicincta* (Southern)

6. 疣足

前两对疣足(图 5-9C)为单叶型,背腹须细指状,背须稍短于背舌叶,背腹舌叶锥状,腹刚叶具两个前刚叶和 1 个后刚叶。体前部双叶型疣足(第 10 对)(图 5-9D),上背舌叶三角形,下背舌叶尖锥形,背刚叶为 1 小突起,两个前腹刚叶和 1 个后腹刚叶均为尖锥状,腹舌叶三角形。体中部约第 50 对疣足(图 5-9E),背腹须、背腹舌叶都变小,无背刚叶,腹刚叶同前但稍小。体后部第 100 对疣足

(图 5-6F)变小,腹刚叶为前后两片。

7. 刚毛

背刚毛均为复型等齿刺状(图 5-9G)。腹刚毛为复型等齿刺状和异齿刺状(图 5-9H)。从第 20 刚节后,腹足刺下方具 2~5 根端片细长的复型异齿镰刀形刚毛(图 5-9I)。

8. 养殖法

比照开闸纳苗虾池养殖——日本刺沙蚕。

七、琥珀叶沙蚕 *Alitta succinea*（Leuckart）

琥珀叶沙蚕 *Alitta succinea*（Leuckart）,体大且肥、具鲜红色彩,是优良的钓饵,市售价为双齿围沙蚕的数倍。商品名黄金沙蚕。应予重点开发。曾用名锐足全刺沙蚕 *Nectoneanthes oxypoda*（Marenzeller）。

全刺沙蚕属 *Nectoneanthes* 是依异沙蚕体建立的属,且误为是该属的模式种故曾译名为全刺沙蚕(孙瑞平等,2004)。Sato 等(2003)和 Bakken 等(2005)指出,吴宝铃等(1981)报道的琥珀刺沙蚕 *Neanthes succinea*（Frey et Leuckart）和全刺沙蚕 *Nectoneanthes oxypoda*（Marenzeller）均是琥珀叶沙蚕 *Alitta succinea*（Leuckart）的同物异名。

1. 分布

琥珀叶沙蚕分布于中国近海。标本采自河北北戴河、昌黎、乐亭,天津塘沽,山东石岛、青岛(沙子口、栈桥、小青岛以北、沧口、双埠、李村河口)、胶南小场、日照石臼所,福建三都澳、连江、厦门,海南海口(南渡江口),渤海(水深 20 m),黄海(水深 10 m)。广盐性种,可生活于海水、半盐水和河口区。分布于潮间带中区和下区,底质主要为泥砂。

2. 体色

活标本体为肉红色。酒精标本为肝褐色,上背舌叶白色。

3. 大小

大标本体长 190 mm,体宽(含疣足)10 mm,具 100 多个刚节。

4. 头部(图 5-10A)

口前叶三角形,触手短小,触角蒴果形。2 对近等大的眼,矩形形排列于口前叶后半部。触须 4 对,其中最长 1 对后伸可达第 4~5 刚节。

5. 吻(图 5-10A,B)

吻各区皆具圆锥形颚齿,颚齿在各区的数目和排列为:Ⅰ区 1~5 个纵排,Ⅱ区 26~34 个成 3~4 斜排,Ⅲ区 10~20 个成 1 堆,Ⅳ区 29~34 个为三角形堆,Ⅴ区 1~4 个,Ⅵ区 11~16 个为 1 椭圆形堆,Ⅶ、Ⅷ区数排小齿不规则地排成很宽的横带(部分颚齿可延伸至Ⅵ区)。大颚褐色具侧齿 8~12 个。

6. 疣足

前两对疣足为单叶型(图 5-10C),背腹须和舌叶末端尖细指状。体前部双叶型疣足(约第 9 对疣足)(图 5-10D),背须长但不超过疣足叶,具 3 个很大的(约为前两对的两倍)背舌叶(含背刚叶)。从第 14 对疣足(图 5-10E)开始,上背舌叶膨大伸长中部具凹陷,背须位于其中。体中部疣足(图 5-10F),上背舌叶增大变宽为具凹陷叶片状,背须位其于中。体后部疣足(图 5-10G),上背舌叶逐渐变小为椭圆形,背须位其顶端。

7. 刚毛

背腹刚毛均为复型等齿刺状(图 5-10H),亦掺有非典型的等齿刺状刚毛。

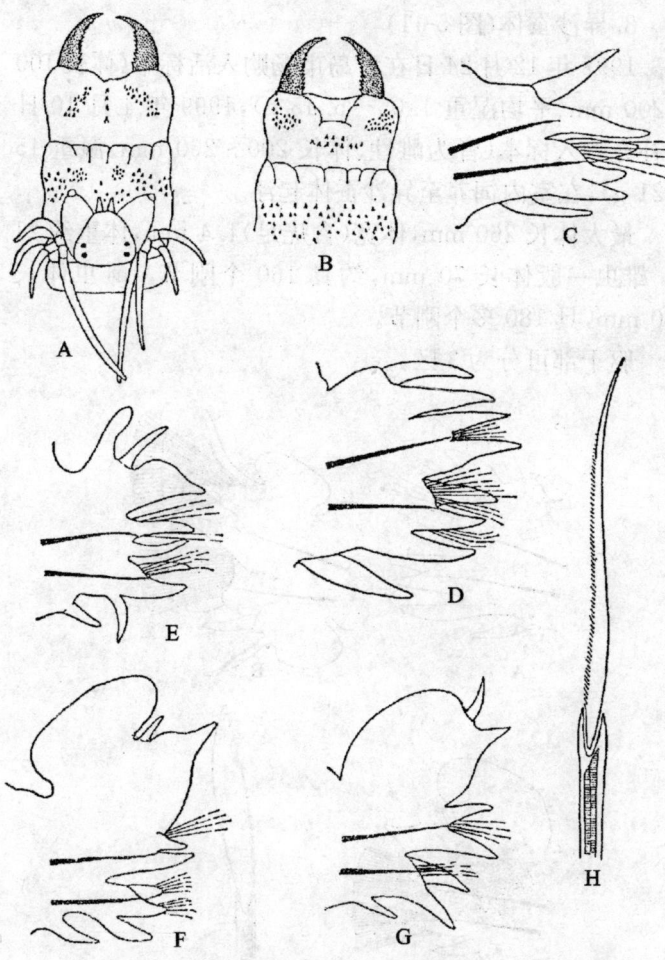

A. 体前端背面观（吻翻出）；B. 吻腹面观；C. 第1对疣足；
D. 第9对疣足；E. 第14对疣足；F. 体中部疣足；
G. 体后部疣足；H. 复型等齿刺状刚毛

图 5-10 琥珀叶沙蚕 *Alitta succinea* (Leuckart)

8. 异沙蚕体(图 5-11)

1998 年 12 月 24 日在青岛市场购入活标本(体长 100～200 mm、平均湿重 1.05～6.45 g)，1999 年 4 月 10 日又补充购入标本(皆为雌性、体长 200～260 mm、湿重 15～21 g)，在室内饲养至异沙蚕体起浮。

最大体长 260 mm，体宽(含疣足)1.4 mm，体重约 21 g。雄虫一般体长 70 mm，约具 160 个刚节。雌虫体长 200 mm，具 180 多个刚节。

躯干部可分为 3 区。

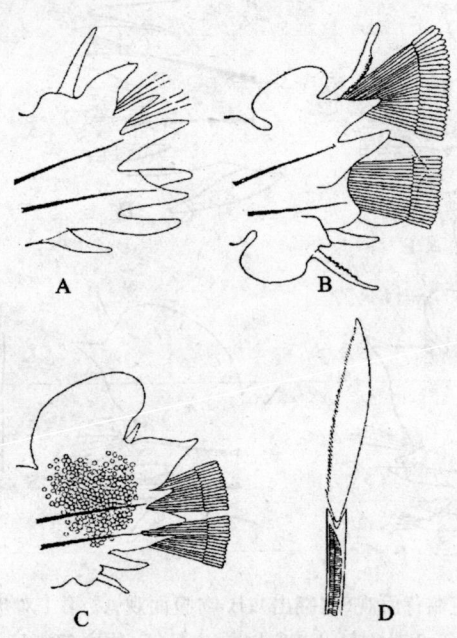

A. 体前端未变形疣足；B. 雄性变形疣足；
C. 雌性变形疣足；D. 桨状刚毛

图 5-11 琥珀叶沙蚕 *Alitta succinea* (Leuckart) 的异沙蚕体

雌雄异沙蚕体间的区别见表5-1。

表5-1　琥珀叶沙蚕雌雄异沙蚕体间的区别

	雄异沙蚕体	雌异沙蚕体
体长	70 mm	200 mm
前区	长7 mm、具20刚节	长10 mm、具14刚节
中区(变形区)	长10 mm、具60刚节	长13 mm、具65刚节
后区(尾区)	长5 mm、具78刚节	长30～42 mm、突然变细
中区(变形区)背腹须	均具9～10个乳突(图5-11B)	光滑无乳突(图5-11C)

9. 个体发育

1999年5月5日(水温18℃),我们观察了琥珀叶沙蚕 Alitta succinea (Leuckart)自然受精后的发育过程(表5-2,图5-12)。

10. 养殖法

比照滩涂土池或工厂化水泥池养殖法。

表5-2　琥珀叶沙蚕的发育

发育过程	时间(受精后)	特　征
卵		油球分布于受精卵的周围(图5-12A,B)
第1极体	25 min	
2细胞	3 h	为大小不等的两个分裂球(图5-12C)
4细胞	4 h	为大小不等的4个分裂球(图5-12D)
原肠胚	7 h	具前纤毛轮、油球集中成5～8个大油球,在卵膜内转动(图5-12F)
担轮幼虫	1 d	近圆球形形,出现顶纤毛束、端纤毛轮、端纤毛束,未见眼点,出卵膜孵化(图5-12G)

(续表)

发育过程	时间(受精后)	特 征
后担轮幼虫	2 d	眼点出现、具3~5个大油球
3刚节游毛幼虫	4 d	出现两对红色眼点、咽囊、大颚、3对伸出体外的刚毛、1对乳突状肛须,仍具3~5个大油球,刚毛为复型等齿刺状,此期幼虫大量死亡(图5-12H~K)

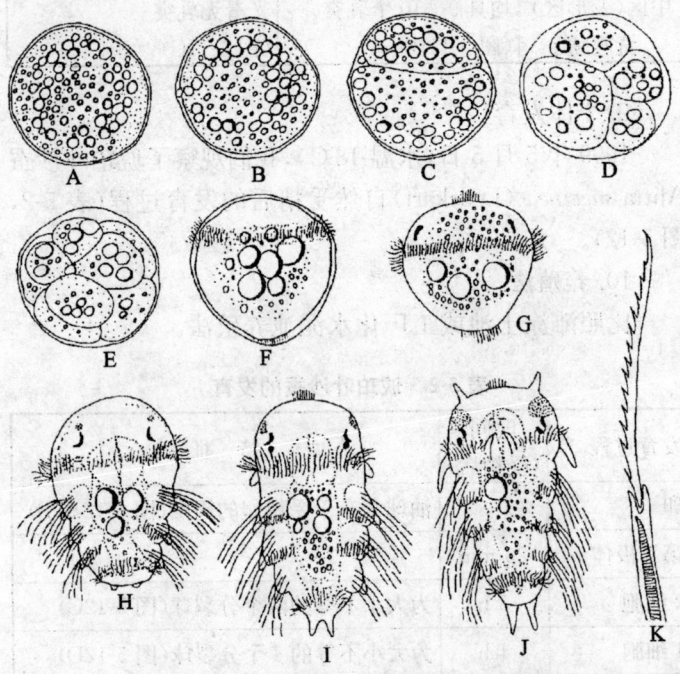

A. 受精卵；B. 放出极体；C. 2细胞期；D. 4细胞期；
E. 8细胞期；F. 原肠期；G. 担轮幼虫期；
H~J. 游毛幼虫期；K. 幼虫刚毛

图5-12 琥珀叶沙蚕 *Alitta succinea* (Leuckart)的发育

八、独齿围沙蚕 *Perinereis cultrifera* (Grube)

1. 分布

独齿围沙蚕分布于我国近海。标本采自辽宁大连，山东烟台（烟台山、东山）、青岛（大黑澜、汇泉、灵山岛），浙江洞头、苍南，福建省厦门，广东保安（盐田），海南（新盈、三亚、马岭），台湾（石门、基隆、台东）。为岩岸潮间带中区褶牡蛎带的优势种。

2. 体色

酒精标本体背面具3条褐色带，以中间一条较宽，至体后部色斑慢慢变淡。有的标本口前叶和疣足上背舌叶具色斑。

3. 大小

大标本体长90 mm，体宽（含疣足）5 mm，具96个刚节。

4. 头部（图5-13A）

口前叶似梨形、前缘无缺刻。围口节触须最长者后伸可达第5～6刚节。

5. 吻（图5-13A～C）

吻各区均具颚齿，颚齿在各区的数目和排列如下：Ⅰ区1～2个纵列的圆锥状颚齿，Ⅱ区10～26个圆锥状颚齿为2～3斜排，Ⅲ区10～15个圆锥状颚齿为3～4横排，Ⅳ区20～30个圆锥状颚齿为2～4斜排，Ⅴ区1～3个圆锥状颚齿成三角形排列，Ⅵ区1个横扁棒状（扁三角形），Ⅶ、Ⅷ区2排大的圆锥状颚齿（常在Ⅵ区两侧还具1～2个）。大颚具4～6个侧齿。

6. 疣足

前两对疣足为单叶型（图5-13D），背腹须和腹舌叶为粗指状，背舌叶最大为钝圆叶形，背须稍长于背舌叶，腹

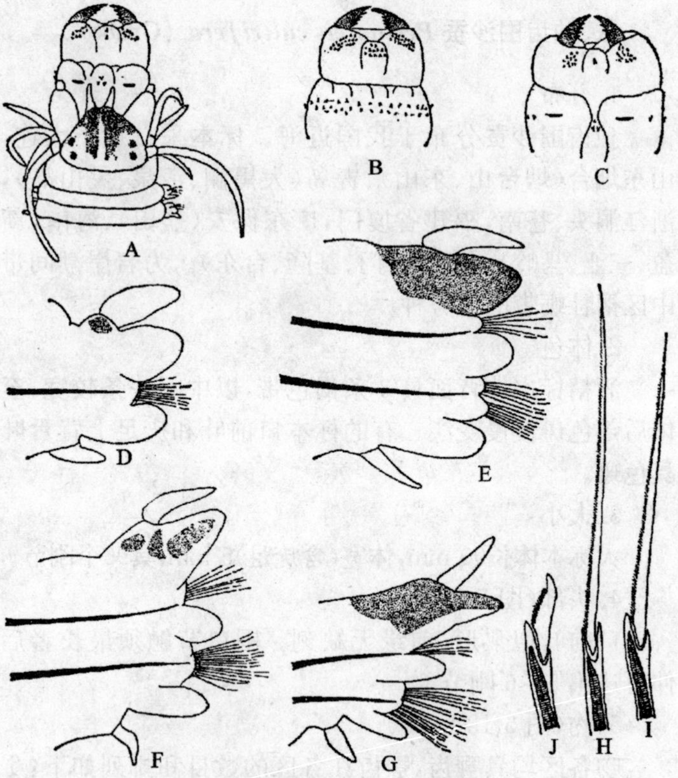

A.体前端背面观(吻翻出);B.吻腹面观;
C.另一个体吻背面观;D.第1对疣足前面观;
E.第15对疣足前面观;F.体中部疣足前面观;
G.体后部疣足前面观;H.复型等齿刺状刚毛;
I.复型异齿刺状刚毛;J.复型异齿镰刀形刚毛

图 5-13 独齿围沙蚕 Perinereis cultrifera (Grube)

须稍短于腹舌叶。体前部双叶型疣足(第15对)(图 5-13E),为单叶型疣足的一倍大,背须指状、末端尖细、位于背舌叶背面,上背腹舌叶最宽大为末端稍钝的叶片状,下背舌叶小、末端钝圆,背刚叶乳突状、末端钝圆,腹前刚叶两片、下片稍长末端锥形,腹舌叶与下背舌叶近等大,腹须短末端尖。体中部疣足(图 5-13F),上背舌叶伸长末端钝锥状,末端渐细的背须与上背舌叶等长且位其上方,似灯泡状的下背舌叶较前小且末端钝圆,腹刚叶增宽,腹舌叶同前但稍小,腹须小、位于腹舌叶的基部。体后部疣足(图 5-13G)变小,背须似一小旗竖立于大而长、末端尖细的上背舌叶上,下背舌叶小、末端钝圆,下腹舌叶亦变细,腹须末端细、短指状。

7. 刚毛

所有背刚毛皆为复型等齿刺状(图 5-13H)。腹刚毛,在腹足刺上方为复型等齿刺状和异齿镰刀形(图 5-13J),在腹足下方为复型异齿刺状(图 5-13I)和异齿镰刀形。

8. 异沙蚕体

1978 年 5 月 28 日,在广西省白龙尾岩岸石块下采到 3 雄虫和 2 雌虫。

口前叶具白色晶体的 4 个黑色大眼(图 5-14A)。

躯干部可分为两区。雌、雄异沙蚕体的区别见表 5-3。

表 5-3　独齿围沙蚕的异沙蚕体

	雄异沙蚕体	雌异沙蚕体
体色	乳白色	深蓝绿色
体长	23～32 mm	40～52 mm
体宽前区	3.5～4 mm	5～5.2 mm
变形区	4～5 mm	6 mm
刚节数前区	14 个刚节	17 个刚节
变形区	54～68 个刚节	66～72 个刚节

(续表)

	雄异沙蚕体	雌异沙蚕体
前区疣足背须	前 7 对变粗（图 5-14C）	前 5 对变粗
腹须	前 5 对变粗（图 5-14B）	前 5 对变粗
变形区疣足背须	具 6～7 个乳突（图 5-14D）	平滑（图 5-14E）
肛节	肛门周围两排乳突	无

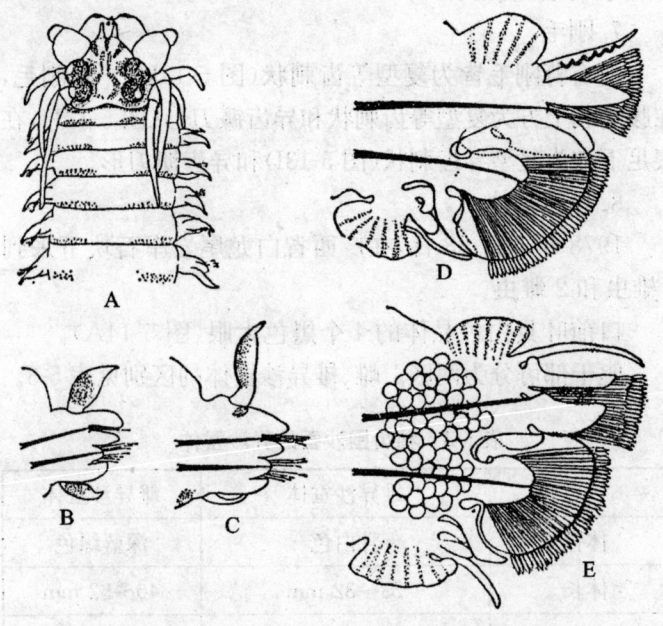

A. 体前端背面观；B. 第 4 对疣足；C. 第 7 对疣足；
D. 雄性变形疣足；E. 雌性变形疣足

图 5-14 独齿围沙蚕 *Perinereis cultrifera*（Grube）
的异沙蚕体

说明：Grube(1878)等，曾把采自各地的独齿围沙蚕分为若干个亚种，他们之间的区别见图5-15。

9. 养殖法

比照工厂化水泥池养殖——多齿围沙蚕。

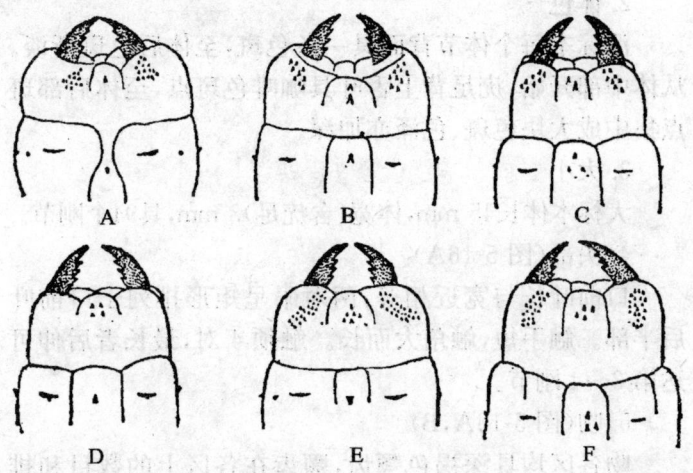

A,B. 独齿(佛州)围沙蚕 *Perinereis cultrifera floridana* (Ehlers)；
C. 独齿(锡)围沙蚕 *Perinereis cultrifera helleri* (Grube)；
D. 独齿(小纹)围沙蚕 *Perinereis cultrifera striolata* (Grube)；
E. 独齿(浅褐)围沙蚕 *Perinereis cultrifera obfuscata* (Grube)；
F. 独齿(多尖)围沙蚕 *Perinereis cultrifera perspicillata* (Grube)

图5-15 独齿围沙蚕 *Perinereis cultrifera* (Grube) 五个亚种吻上颚齿分布的差异

九、弯齿围沙蚕 *Perinereis camiguinoides* (Augener)

1. 分布

弯齿围沙蚕分布于我国近海。山东青岛(红岛)，江苏连云港(高公岛)，浙江苍南，福建厦门，广西北海、涠洲岛、白龙尾、企沙,广东湛江。标本采自潮间带岩岸中区,小型海藻和褶牡蛎 *Alectryonella plicatula* (Gmelin)壳下,同栖的有绿巧言虫、裂虫和雾海鳞虫等具鲜明体色的物种。

2. 体色

活标本每个体节背面具一条色斑,至体后色斑渐淡。从体中部开始,疣足背上舌叶具咖啡色斑点,至体后部斑点集中成大块色斑、色泽亦加深。

3. 大小

大标本体长45 mm,体宽(含疣足)3 mm,具94个刚节。

4. 头部(图 5-16A)

口前叶长与宽近相等,两对眼呈矩形排列于口前叶后半部。触手短,触角大而长。触须4对,最长者后伸可达第3~4刚节。

5. 吻(图 5-16A,B)

吻各区均具深褐色颚齿,颚齿在各区上的数目和排列如下:Ⅰ区2~3个圆锥状颚齿(个别标本4个),Ⅱ区圆锥状颚齿呈2~3个弯曲排,Ⅲ区14~16个圆锥状颚齿不规则地排在一起,Ⅳ区圆锥状颚齿呈3~4个斜排,Ⅴ区3~4个圆锥状颚齿呈一横排,Ⅵ区两个弯横棒状颚齿横排,Ⅶ、Ⅷ区40~50个圆锥状颚齿呈2~3个横排。吻端大颚琥珀色,具5~6个侧齿。

6. 疣足

除前两对疣足为单叶型外,皆为双叶型。体前部的双叶型疣足(图 5-16C),背须指状、末端渐细,背腹舌叶均为圆锥形,上背舌叶末端稍尖、稍长于下背舌叶,前腹刚叶两片、稍长于后腹刚叶,下腹舌叶末端钝圆,腹须短指状且稍短于下腹舌叶。第15对疣足(图5-16D),背须长且

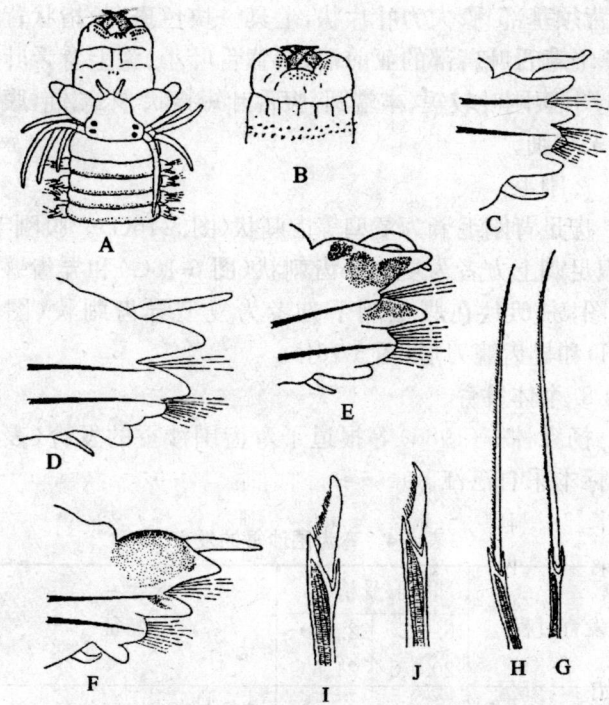

A. 体前端背面观(吻翻出);B. 吻腹面观;
C. 第5对疣足后面观;D. 第15对疣足后面观;
E. 体中部疣足后面观;F. 体后部疣足后面观;
G. 复型等齿刺状刚毛;H. 复型异齿刺状刚毛;
I. 复型异齿镰刀形刚毛;J. 复型异齿镰刀形刚毛

图 5-16 弯齿围沙蚕 *Perinereis camiguinoides* (Augener)

超过背舌叶,上下背舌叶末端圆且较前粗钝,下腹舌叶变短而钝,腹须细而短。体中部疣足(约第 30 对疣足)(图5-16E),背须粗短且比上背舌叶长,上下背舌叶均为末端较细的锥形,上背舌叶基部膨大、具色斑,腹刚叶变大且宽而圆,下腹舌叶小指状,腹须短。体后部疣足,上背舌

147

叶(背须基部)膨大为叶片状,上具一块色斑,长指状背须位于上背舌叶背部的亚前端,下背舌叶小、为上背舌叶宽的1/3,腹刚叶较短、末端圆,腹舌叶短指状、末端钝,腹须小、末端细。

7. 刚毛

疣足背刚毛皆为复型等齿刺状(图5-16G)。腹刚毛,在腹足刺上方者为复型等齿刺状(图5-16G)和异齿镰刀形(图5-16I),在腹足刺下方者为复型异齿刺状(图5-16H)和异齿镰刀形(图5-16J)。

8. 个体发育

杨森林等(1986)等报道了弯齿围沙蚕的发育(表5-4),标本采自湛江。

表5-4 弯齿围沙蚕的发育

发育过程	时间(受精后)		特征
	16.8℃～20.1℃	22.6℃～24.8℃	
成熟卵			许多小油球均匀分布
受精	0	0	
2细胞	4.0 h	1.9 h	大分裂球为小分裂球的两倍
4细胞	5.8 h	2.7 h	
8细胞			4个小分裂球颜色较淡、4个大分裂球呈绿色
囊胚	29.0 h		绿色、油球已合并为几个
原肠胚	45.6 h	16.9 h	动物极细胞下包,具口前纤毛轮,胚体在卵膜内缓慢转动
前担轮幼虫	3.2 d	0.9 d	胚体在卵膜内转动加快,出现端纤毛轮

(续表)

发育过程	时间(受精后)		特征
	16.8℃~20.1℃	22.6℃~24.8℃	
后担轮幼虫	3.5 d	1.5 d	具3对疣足突、内具刚毛囊
膜内游毛幼虫			3对疣足形成,出现触手、触须和肛突,仍在卵膜内
3刚节游毛幼虫	5.3 d	2.5 d	孵化,具3刚节和体节纤毛轮,触手、触角、触须和肛突各1对,消化道不通到通,趋光-爬行-钻沙
4刚节游毛幼虫			具4刚节,口前纤毛轮、油球消失,两对触须,爬行-钻沙
5刚节游毛幼虫			具5刚节,第2(第1背触须腹面)~第3对触须(第1疣足背叶特化),钻沙
6刚节游毛幼虫			具6刚节,3对触须,钻沙
7刚节游毛幼虫			具7刚节,3对触须,钻沙
8刚节游毛幼虫			具8刚节,3对触须,钻沙
9刚节游毛幼虫			具9刚节,3对触须、第3对触须腹面出现小突起,钻沙
10刚节幼体			具10刚节,第4对触须形成,钻沙

(据杨森林等修改)

9. 养殖法

比照工厂化水泥池养殖——多齿围沙蚕。

十、双管阔沙蚕 *Platynereis bicanaliculata* (Baird)

1. 分布

双管阔沙蚕分布于黄海、东海、南海。标本采自辽宁旅顺、大连（箱炉礁、老虎滩），河北山海关、北戴河，山东省蓬莱、烟台（芝罘岛、烟台山）、青岛（汇泉、大黑澜、大港、黄岛、太平角和石老人），浙江洞头、平阳、苍南，福建平潭（东痒岛）、东山，台湾台北石门，广东汕尾（龟龄岛）、澳头（东山），广西涠洲岛。是我国北方岩岸潮间带中区的优势种。体外具粘有砂粒的薄层栖管。

2. 体色

活标本口前叶具浅咖啡色色斑，体背面两侧和疣足的背舌叶具绿色色斑、且越向后越显著。酒精标本肉色，大多数标本上背舌叶具咖啡色色斑。福尔马林保存的标本，体背面青绿色，色斑为咖啡色。

3. 大小

大标本体长 100 mm，体宽（含疣足）9 mm，具 130 个刚节。

4. 头部

口前叶似六边形、前缘无缺刻、后缘中央稍向内凹进。触须最长者后伸可达第 11～16 刚节（图 5-17A）。

5. 吻（图 5-17A，B）

各区除Ⅰ、Ⅱ、Ⅴ区无颚齿外，余具梳状颚齿。颚齿在各区的数目和排列为：Ⅲ区 3～6 堆梳棒状颚齿排成 1 横排，Ⅳ区 4～5 排梳棒状颚齿密集成月牙形，Ⅵ区 2～3 排梳棒状颚齿整齐排成长方形，Ⅶ、Ⅷ区 4～5 堆梳棒状颚齿排成一直线。大颚琥珀色，具侧齿 8～9 个。

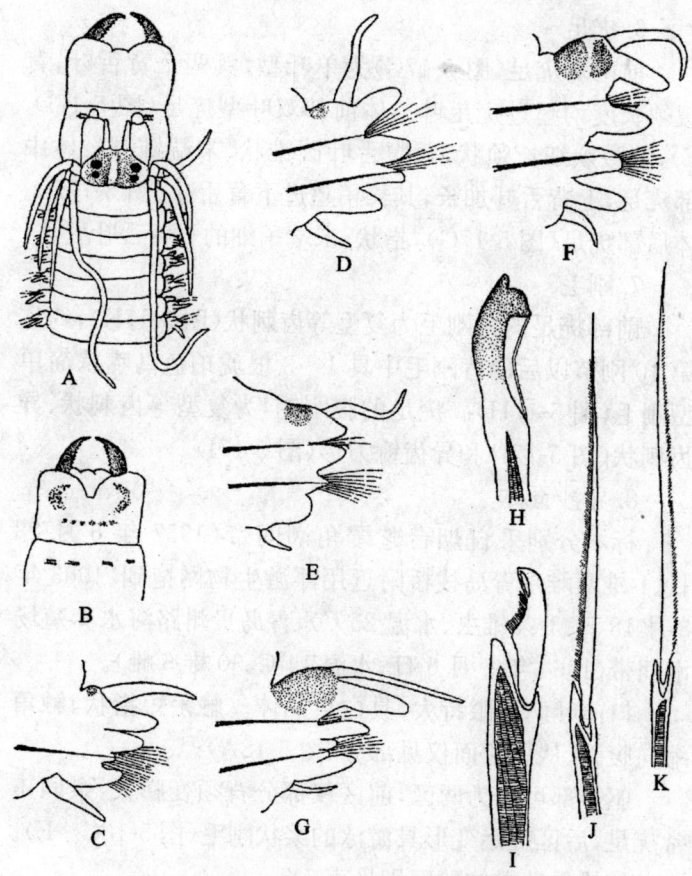

A. 体前部背面观(吻翻出); B. 吻腹面观;
C. 第1对疣足前面观; D. 第4对疣足前面观;
E. 第15对疣足前面观; F. 体中部疣足前面观;
G. 体后部疣足前面观; H. 鸟嘴状简单型刚毛;
I. 复型异齿镰刀形刚毛; J. 复型异齿刺状刚毛;
K. 复型等齿刺状刚毛

图 5-17 双管阔沙蚕 *Platynereis bicanaliculata* (Baird)

6. 疣足

前两对疣足(图 5-17C)为单叶型,具两个背舌叶,背腹须长度均超过疣足叶。体前部双叶型疣足(图 5-17D,E),背腹须细长须状,背腹舌叶圆锥状、末端钝圆。体中部疣足,上背舌叶加长,其长稍超过下背舌叶(图 5-17F)。体后部疣足(图 5-17G),指状、末端稍细的上背舌叶更长。

7. 刚毛

前部疣足的背刚毛为复型等齿刺状(图 5-17K),约从第 10 刚节以后的背刚毛中具 1～3 根琥珀色鸟嘴状简单型刚毛(图 5-17H)。疣足的腹刚毛,为复型等齿刺状、异齿刺状(图 5-17J)和异齿镰刀形(图 5-17I)。

8. 异沙蚕体

标本分别采自烟台芝罘角潮间带(1957 年 6 月 28 日、1 雄两雌),青岛栈桥附近用浮游生物网拖到(1963 年 8 月 18 日、1 条雄虫、水温 25℃),青岛贵州路海水养殖场潮间带(1964 年 5 月 5 日、水温 14℃、30 雄 6 雌)。

口前叶两对眼特大,具白色晶体。触手短指状,触角缩向腹面、从体背面仅见部分(图 5-18A)。

躯干部可分为两区,前区仅部分背须变膨大,余同正常疣足,后区疣足变形具游泳的桨状刚毛(图 5-18C～E)。

雌雄异沙蚕体的区别见表 5-5。

表 5-5 双管阔沙蚕的异沙蚕体

	雄异沙蚕体	雌异沙蚕体
体长	48～50 mm	42～46 mm
体宽前区	3.5～4 mm	3～3.5 mm
变形区	4.5 mm	4 mm
刚节数前区	14 刚节	17 刚节

（续表）

	雄异沙蚕体	雌异沙蚕体
变形区	80～84 刚节	73～75 刚节
前区背须	前 7 对变粗、末端尖细	前 5 对变粗、末端尖细（图 5-18B）
腹须	前 7 对变粗、末端尖细	前 5 对变粗、末端尖细
变形区背须	一侧具 11～12 个乳突（图 5-18D）	光滑无乳突（图 5-18C）

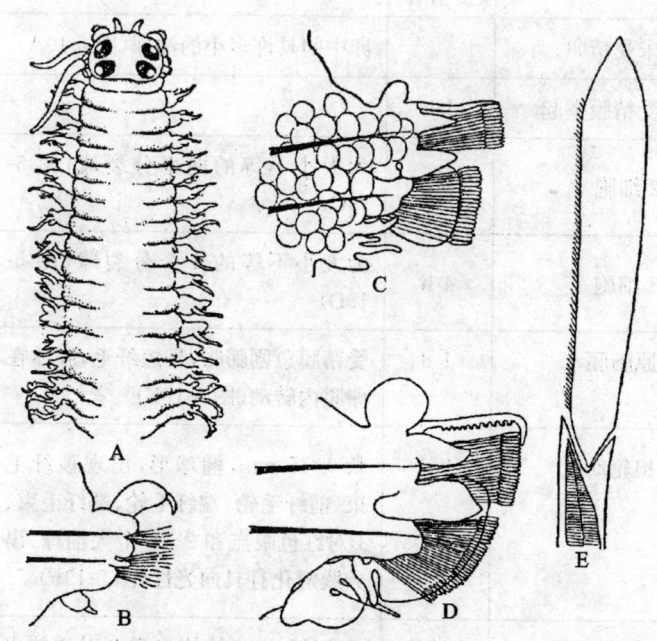

A. 体前部背面观；B. 第 4 对疣足前面观；C. 雌性变形疣足前面观；D. 雄性变形疣足前面观；E. 桨状刚毛

图 5-18 双管阔沙蚕 *Platynereis bicanaliculata* (Baird) 的异沙蚕体

9. 个体发育

1963 年 5 月 16 日（水温 17℃），对双管阔沙蚕 *Platynereis bicanaliculata*（Baird）进行过人工授精并观察了发育过程（表 5-6，图 5-19）。

10. 养殖法

比照工厂化水泥池养殖——多齿围沙蚕。

表 5-6 双管阔沙蚕的发育

发育过程	时间（受精后）	特　征
未受精卵		卵中间具许多小的油球（图 5-19A）
受精膜举起	1 h	
2 细胞	3 h	为大小不等的两个分裂球（图 5-19C）
4 细胞	4 h	为大小不等的 4 个分裂球（图 5-19D）
原肠胚	1 d	受精膜急剧膨胀，具短纤毛，胚体在卵膜内转动（图 5-19E）
担轮幼虫	2 d	长 0.15 mm，椭球形，出现顶纤毛束、前纤毛轮、端纤毛轮、端纤毛束、1 对红色眼点和 2~5 个大油球，出卵膜孵化且具向光性（图 5-19F）
后担轮幼虫	2.5 d	长 0.17 mm，体侧出现 3 对稍伸出体外的刚毛（图 5-19G）

(续表)

发育过程	时间(受精后)	特 征
3刚节游毛幼虫	3 d	长0.21 mm,出现触手和第1对背触须突起、两对红色眼点、咽囊、大颚、3对伸出体外的刚毛、1对乳突状肛须,仍具大油球(图5-19H,I)
4刚节游毛幼虫	11 d	长0.27 mm,具4个刚节,触手、触须和肛须已为指状,出现触角和肛门,油球未被消化(图5-19J)
5刚节游毛幼虫	22 d	长0.37 mm,第1刚节特化为围口节的一部分,第1对疣足的刚毛脱落前伸为第2对围口节触须,其余触手、触须和肛须皆增长,纤毛均消失,油球已消耗殆尽,消化道内具绿色的扁藻和深黄色的硅藻,进入底栖(图5-19K)
	26 d	长0.67 mm,具5个刚节,进入底栖,可摄食单胞藻和刚孵化的卤虫
8刚节游毛幼虫	40 d	长1 mm,具8个刚节,可用粘液粘着藻类碎屑为临时性的栖管
14刚节幼体	75 d	长2.5 mm,具14对疣足,已具1对长触手、1对两节的触角、4对围口节触手

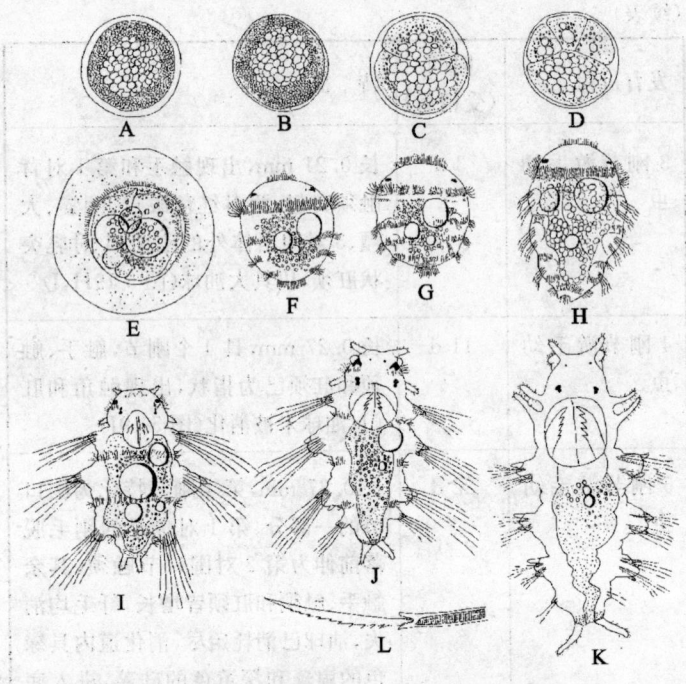

A. 未受精卵;B. 受精卵;C. 2细胞;D. 4细胞;
E. 原肠胚;F. 担轮幼虫;G. 后担轮幼虫;
H. 早期3刚节游毛幼虫;I. 3刚节游毛幼虫;
J. 4刚节游毛幼虫;K. 刚节幼体;L. 幼虫刚毛

图 5-19 双管阔沙蚕 *Platynereis bicanaliculata* (Baird) 的发育

参考文献

[1] 毕庶万,时吉营,等.沙蚕在养虾中的作用[J].现代渔业信息,1995,4:25-28,24

[2] 蔡清海.沙蚕人工养殖[J].科学养鱼,2002,3:22

[3] 陈海伟,等.高滩蓄水增养殖沙蚕、套养贝类技术[J].齐鲁渔业,2000,17(6):21-22

[4] 陈灿忠,叶永健,等.双齿围沙蚕 Perinereis aibuhitensis 繁殖的生态[J].台湾海峡,1992,11(1):53-60

[5] 程岩雄,等.主养沙蚕滩涂套养贝类模式[J].科学养鱼,2003,5:28~29

[6] 丁理法.双齿围沙蚕苗种培育与生态养殖实验报告[J].浙江渔业信息网,2005,9~14

[7] 范广钻,郑佩玉,等.双齿围沙蚕 Perinereis aibuhitensis (Grube)雌性生殖腺发育的组织学研究[J].浙江水产学院学报,1983,2(2):105~113

[8] 傅素宝.沙蚕 Nereis pelagica Linné 的人工繁殖[J]. 黄海水产研究丛刊,1961,10

[9] 龚启祥,范广钻,郑佩玉,谷进进.多齿围沙蚕 Perinereis nuntia（Savigny）个体发育的研究[J].浙江水产学院学报,1984,3(2):141～147

[10] 谷进进,范广钻,郑佩玉,等.多齿围沙蚕 Perinereis nuntia（Savigny）人工繁殖研究[J].浙江水产学会论文选集,1981,1:1～13

[11] 谷进进,郑佩玉,范广钻,等.双齿围沙蚕 Perinereis aibuhitensis（Grube）生活史研究[J].浙江水产学院学报,1982,1(1):37～42

[12] 顾晓英,等.沙蚕养殖技术[J].饲料与营养,2002,7:64

[13] 顾晓英,蒋霞敏,郑忠明.双齿围沙蚕 Perinereis aibuhitensis（Grube）的生物学特征和开发利用现状[J].现代渔业信息,2002,17(8):33～34,

[14] 韩方训,王道和,等.沙蚕在对虾养殖生产中的应用[J].海洋科学,1991,5(3):4～6

[15] 侯洪建,王世党,等.双齿围沙蚕土池育苗技术研究[J].齐鲁渔业,2003,20(10):26～27

[16] 洪秀云,谭克非.双齿围沙蚕的研究——生活史及异沙蚕研究[J].水产学报,1982,6(2):165～171

[17] （明）胡世安.异鱼赞闰集.丛书集成初编[M].第3160册.北京:商务印书馆

[18] 黄风鹏,丘建文,等.日本刺沙蚕 Neanthes japonica（Izuka）大规模育苗的初步研究[J].黄渤海海洋,2001,19(4):76～80

[19] 黄 猛.沙蚕的开发和利用[J].现代渔业信息,

1991,6(4):24~25,14

[20] 黄　猛.沙蚕及其人工养殖[J].科学养鱼,1998,5:36

[21] 黄　猛.不容忽视的海水增养殖资源——沙蚕[J].中国渔业经济,2002,1:44~45

[22] 黄　猛.养好双齿围沙蚕应注意的几个问题[J].齐鲁渔业,2003,20(9):36~37

[23] 黄晓春,苏秀榕,苏月萍.沙蚕和星虫的营养成分研究[J].水产科学,2005,24(6):10~11

[24] 蒋福兴,王维中,等.大米草——双齿围沙蚕相关性初探[J].生态学报,1992,12(1):84~88

[25] (清)蒋廷锡,等.古今图书集成[M].北京:中华书局,1934

[26] 蒋霞敏,郑忠明.双齿围沙蚕群浮现象的初步观察[J].动物学杂志,2002,37(5):54~56

[27] 蒋霞敏,等.双齿围沙蚕亲体培育技术试验[J].齐鲁渔业,2001,18(4):28~30

[28] 蓝亚文,张文重.淡水砂蚕之饲养观察[J].渔业世界,1998,5:35~38

[29] (清)李调元,南越笔记.丛书集成初编[M].第1358册.北京:商务印书馆

[30] 李国平,崔绍言.双齿围沙蚕池塘人工养殖技术初探[J].中国水产,1996,7:31

[31] (明)李时珍.本草纲目[M].北京:人民卫生出版社,1959

[32] 柳敏海,蒋霞敏,张永靖.双齿围沙蚕胚胎及幼体发育的研究[J].海洋水产研究,2005,26(2):13~17

[33] 刘德增.砂蚕(海虫)在台饲养问题的探讨[M].王浚集编,咸水及浅海养殖资料汇集,1984,474~480

[34] 刘向辉,等.沙蚕组织内几种营养成分分析[J].中国海洋药物,2002,6:35～41

[35] 马建新,刘爱英,等.日本刺沙蚕的生态特性及在对虾养殖中的应用[J].海洋科学,1998,3:7～8

[36] 石小平,赵清良.几种生态因子对双齿围沙蚕早期生活的影响[J].生态学杂志,1993,12(5):21～24

[37] 孙瑞平,吴宝玲,杨德渐.中国海日本刺沙蚕研究[J].山东海洋学院学报,1980,10(3):100～110

[38] 孙瑞平,杨德渐.中国动物志 无脊椎动物第三十三卷 环节动物门多毛纲(二)沙蚕目[M].北京:科学出版社,2004

[39] 滕 瑜,王引庚,王彩理.沙蚕的营养分析与功能研究[J].海洋科学研究,2004,22(2):215～218

[40] (明)屠本畯.闽中海错疏.丛书集成初编[M].第1359册.北京:商务印书馆

[41] 王 冲.双齿围沙蚕人工育苗生产性实验[J].水产科学,2000,19(1):33～35

[42] 王浚集编.咸水及浅海养殖资料汇集[M].台北:牧文堂,1984

[43] 王美珍.杭州湾滩涂沙蚕人工增养殖技术[J].水产养殖,1999,2:5～6

[44] 王诗红,张志南.中国对虾对日本刺沙蚕的摄食率研究[J].海洋与湖沼,1998,29(5):482～486

[45] 王文义,孙 光,等.沙蚕人工孵化及滩涂增养殖技术研究[J].海水养殖,1993,1(2):54～56

[46] 王珍如,等.青岛、北戴河现代潮间带底内动物及其遗迹[M].北京:中国地质大学出版社,1988

[47] 吴宝玲,陈 木.中国淡水和半盐水多毛环节动物的

初步研究[J].海洋与湖沼,1963,5(1):18～31
[48] 吴宝玲,丘建文.青岛多齿围沙蚕的生产量[J].生态学报,1992,12(1):61～67
[49] 吴宝玲,孙瑞平.双管阔沙蚕生活史研究[J].海洋与湖沼,1981,12(3):270～278
[50] 吴宝玲,孙瑞平,杨德渐.中国近海沙蚕科研究[M].北京:海洋出版社,1981
[51] 吴振明,等.沙蚕电捕技术的初步研究[J].养鱼世界,1998,12:20～22
[52] 吴建新,邵营泽,李信书.双齿围沙蚕的早期发育[J].生物学通报,2005,40(6):19
[53] 杨德渐,孙世春.海洋无脊椎动物学(修订版)[M].青岛:中国海洋大学出版社,2006
[54] 杨德渐,孙瑞平.中国近海多毛环节动物[M].北京:农业出版社,1988
[55] 杨森林,王子贤,曾忠汉.弯齿围沙蚕的早期发育[J].热带海洋,1986,5(4):1～9
[56] 杨 宇,朱明远,吴宝玲.多毛类多齿围沙蚕的群浮[J].青岛海洋大学学报,1992,22(3):49～53
[57] 俞大维,王淑霞,等.杭州地区日本刺沙蚕的初步研究[J].杭州大学学报,1985,12(1):111～118
[58] 曾忠汉,杨森林,王子贤.腺带刺沙蚕的早期发育[J].热带海洋,1995,5:83～87
[59] 张志南,孙文林,于子山,等.日本刺沙蚕大规模移植的生态学研究[J].海洋与湖沼,1993,24(5):520～526
[60] 张志南,于子山,等.虾池纳潮期日本刺沙蚕幼虫数量及其沉降的研究[J].海洋与湖沼,1994,25(3):

248～257

[61] 赵清良,赵　强.启东双齿围沙蚕 Perinereis aibuhitensis (Grube)的资源状况及开发[J].南京师范大学学报(自科版),1993,16(2):57～62

[62] 赵百慧,等.沙蚕丝氨酸蛋白酶家族相关基因的克隆和测序[J].青岛大学医学院学报,2003,39(1):18～22

[63] (清)赵学敏.本草纲目拾遗[M].北京:商务印书馆,1955

[64] 郑家声,王梅林,等.多齿围沙蚕 Perinereis nuntia (Savigny,1818)染色体组型[J].青岛海洋大学学报,1992,22(2):100～106

[65] 郑金宝.多齿围沙蚕的繁殖及培育的初步研究[J].集美大学学报(自然科学版),2000,5(2):38～43

[66] 郑佩玉,范广钻.舟山蚂蚁岛双齿围沙蚕 Perinereis aibuhitensis (Grube)生态的初步调查[J].浙江水产学院学报,1986,5(1):87～94

[67] (清)周亮工.闽小记.丛书集成初编[M].第 3162 册.北京:商务印书馆

[68] 周一兵.青堆子虾池中日本刺沙蚕的生物量和数量变动[J].大连水产学院学报,1994,9(1,2):12～20

[69] 周一兵.沙蚕移植在对虾养殖中的应用和生态效益[J].生物学通报,1999,34(11):12～14

[70] 周一兵,王　宏.大连湾双齿围沙蚕(Perinereis aibuhitensis)卵子生成周期及其与温度和光照时间的关系[J].大连水产学院学报,1995,10(2):9～17

[71] 周一兵,谢祚浑.虾池中日本刺沙蚕的次级生产力研究[J].水产学报,1995,19(2):140～150

[72] 周一兵,刘亚军.虾池生态系能量收支和流动的初步分析[J].生态学报,2000,20(3):474～481

[73] 朱丰锡,王景悦,等.沙蚕养殖技术研究[J].齐鲁渔业,1999,16(3):1～2

[74] 朱明远,杨 宇,吴宝玲.沙蚕科性信息素的种间作用[J].海洋学报,1992,14(5):95～100

[75] 朱明远,杨 宇,吴宝玲.温度和月相对多齿围沙蚕的群浮诱导[J].动物学报,1993,39(2):222～225

[76] 朱明远,杨 宇,吴宝玲.日本刺沙蚕的性信息素研究[J].黄渤海海洋,1995,13(1):40～46

[77] (日)吉田俊一.沙蚕养殖[C].林森荣译,王浚集编.咸水及浅海养殖资料彙集.1984,465～469

[78] (日)佐佐木秀治.沙蚕的养殖[J],水产科学,1:64～67.孙日东摘译,渔村,1983,46(3):27～32

[79] Bakken T and R S Wilson. Phylogeny of nereidids (Polychaeta, Nereididae) with paragnaths [J]. Zool. Scripta 2005,34(5):507-547

[80] Boily-Marer Y. Experimental study on the nuptial behaviour of *Platynereis dumerili* (Annelida: Polychaeta): chemireception, emission of genital products [J]. Mar. Biol., 1974,24:167-197

[81] Choi J-W and J-H Lee. Secondary production of a nereis species, *Perinereis aibuhitensis* in the intertidal mudflat of the west coast of Korea [J]. Bull. Mar. Sci., 1997,60(2):517-528

[82] Fukao R. Occurrence of epitokes *Platynereis bicanaliculata* (Baird) (Annelida: Polychaeta) in Koajiro Bay, Miura Peninsula, Central Japan [J].

Publ. Seto. Mar. Biol. Lab., 1996, 37 (3/6): 227-237

[83] Gamby M C, et al., Polychaetes of commercial and applied interest in Italy: an overview. In: J. C. Dauvin et al. (Eds), Actes de la 4ème conférence internationale des polychétes [J]. Mém. Mus. natn. Hist. nat., 1994, 162:593-603

[84] Olive P J W. Polychaeta as a world resource: a review of patterns of exploitation as sea angling baits and the potential for aquaculture based production [J]. In: J. C. Dauvin et al. (Eds), Actes de la 4ème conférence internationale des polychétes. Mém. Mus. natn. Hist. nat., 1994, 162:603-610

[85] Zeeck E, J Hardege, et al. Sex pheromones in a marine polychaete: determination of the chemical structure [J]. J. Exp. Zool., 1988, 246:285-292

[86] Zeeck E, J Hardege, et al. Sex pheromones and reproductive isolation in two nereid species *Nereis succinea* and Platynereis dumerilii [J]. Mar. Ecol. Prog. Ser., 1990, 67:187-183

图版 I　养殖沙蚕的水泥池（赫勇摄）

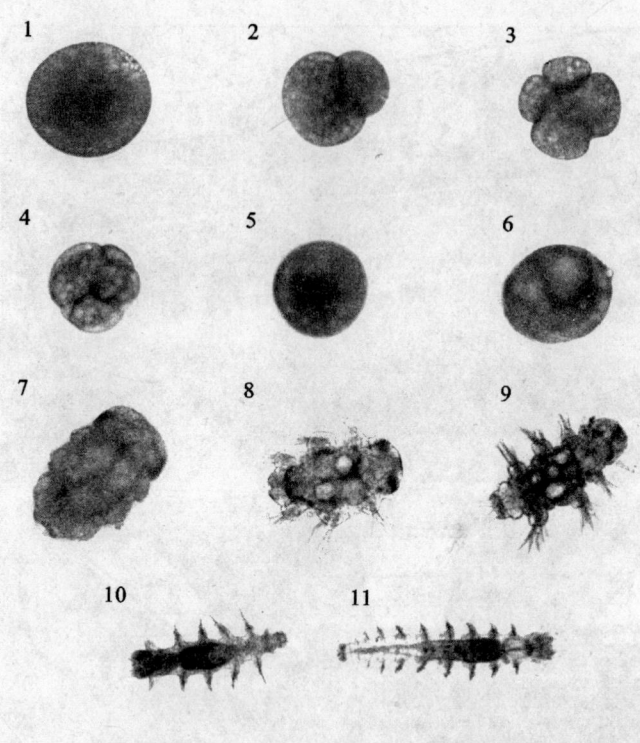

1. 受精卵(×120); 2. 2细胞(×120); 3. 4细胞(×120);
4. 8细胞(×120); 5. 囊胚期(×120); 6. 担轮幼虫(×120);
7. 膜内游毛幼虫(×120); 8. 3刚节游毛幼虫(×120);
9. 4刚节游毛幼虫(×80); 10. 6刚节游毛幼虫(×50);
11. 10刚节刚节幼体(×30)

图版Ⅱ 多齿围沙蚕的个体发育(杜荣斌等摄)